JN251236

夏は遮光、冬は保温　シャンプーの泡がいける！

高知県高知市　雨森克弘さん

（編集部）

二層になっている天井フィルムの間に泡を送り込んでいるところ。夏は遮光にもなる（赤松富仁撮影）

ハウスでトマトを栽培する雨森克弘さんはシャンプーの泡を二層になっている天井フィルムの間に流し込む。

「泡には断熱効果があるから、発泡スチロールと同じような保温効果がありますね。冬は、夜に天井を泡で覆うと、暖房機の稼働時間が四分の一くらいに短縮できますよ」とのこと。また、夏に行なえば、遮光の効果もあるという。

一〇〇円ショップで売っているシャンプーに洗濯のりを混ぜ、送風機（金魚のブクブク）を使ってシャボン玉を作るように泡を作る。それを専用のチューブで天井に送り込む。間口八m、奥行き三〇mのハウスなら二時間ほどで屋根を覆うことができるという。

現代農業二〇一二年十一月号　何と、シャンプーの泡がいい

一人でわずか三〇分
青木流「凧揚げ式ハウス張り」

三重県松阪市　青木恒男さん

（編集部）

コスト最小限の農業を追求する青木さん。人件費をかけないよう、作業は常に一人でやる。ハウス張りとて例外ではない。しかも四五mのパイプハウスの張り替えにかかる時間は、「順調なら三〇分、手こずって一時間」。信じられない早技だ。

　秘訣は、「風を利用して、凧を揚げる要領で一気に張る」こと。空気もハウスの骨組みも乾燥している日中（午前十時から午後四時までの間）、風速一〜二mの微風がハウス側面に対して直角方向に吹くタイミングを捉えてハウスフィルムを引っ張る。すると、あら不思議。スルスルスルッと棟を越えて一面に広がるのだ。

現代農業二〇一二年十一月号
青木流「凧揚げ式ハウス張り」

「凧揚げ式ハウス張り」の手順

風上 → 風下

1 まずはハウスフィルム（0.07㎜ PO）を風下側にスタンバイ。室内側（フィルムの印字が反転して見える側）が上になるように置く

2 フィルムの端を持って引っ張り、風下側ハウス側面に広げていく。妻面より1～2m先まで引っ張っておく

3 フィルムの隅を持ってハウス妻面の骨組みに登り、風上側の側面まで引っ張る。このときフィルムの室内側が下になるよう、向きに気を付ける

4 妻面とハウス側面（風上側）のビニペットにスプリングで仮留めする

5

もう一方の妻面に戻り、フィルムの隅がハウスの頂上を越すあたりまで引っ張り上げたところで風待ち。ハウス側面に対して直角方向に、風速１～２ｍの微風が吹く絶好のタイミングを待つ

このとき下から巻き上げる風が入らないよう、風上側の裾ビニールは閉じ、風下側を30㎝程度開けておくのがコツ

6

「今だ！」というとき、ハウスから降りながら一気にフィルムを引っ張る。フィルムは多少風をはらみながらスルッと揚がる

7 ハウスの頂上を越せば、軽く引っ張るだけでパイプを滑り降りるように一面に広がる

8 風で巻き上げられないよう、風上側から手早く仮留め。全体を仮留めしたら、改めてフィルムを引っ張りながら本留めして完成

これが、雪下ろし不要ハウス

福島県北塩原村　佐藤次幸さん

従来型のパイプハウス

傾斜が急にきつくなっているところだけ先に雪が落ちてしまい、上の雪は取り残されている

二〇〇五年冬の豪雪、会津の佐藤次幸さん（サトちゃん）も、従来型のハウス二棟を一晩でつぶしてしまった。油断して雪下ろしをやらなかったせいだ。

赤松富仁（撮影も）

現代農業二〇〇六年十二月号

絶対つぶれないよ！　雪下ろし・雪かき不要のハウスの秘密

サトちゃんのパイプハウス

上の雪は全部サイドにズリ落ちた。傾斜が一定だからだ。雪下ろしは不要

2月時点で、1回も雪下ろしせずとも自然に雪が落ちたサトちゃんのハウス。サイドの雪も、雪かきせずとも、このあと勝手に溶けていく

雪下ろし・雪かき不要ハウスの原理

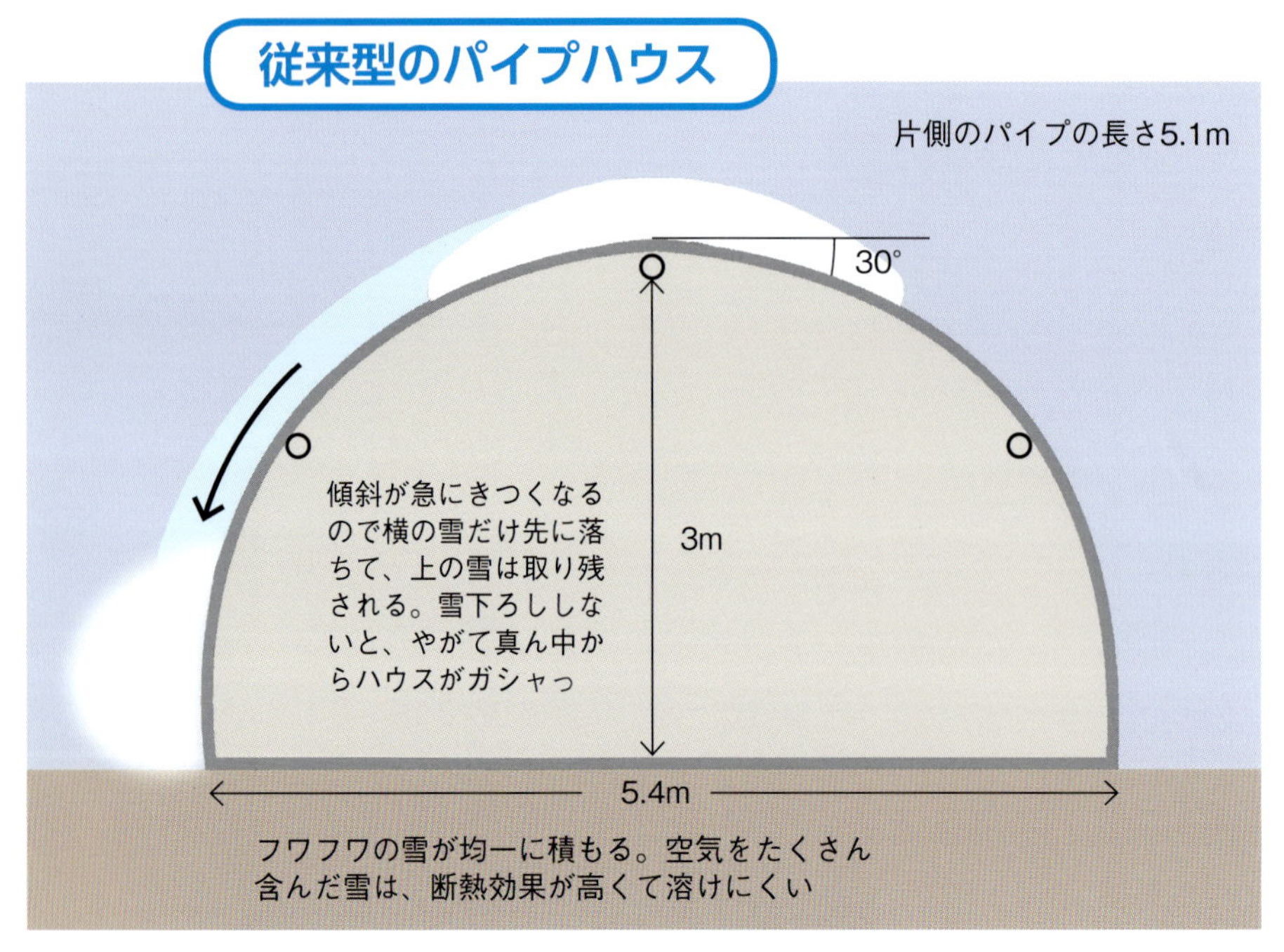

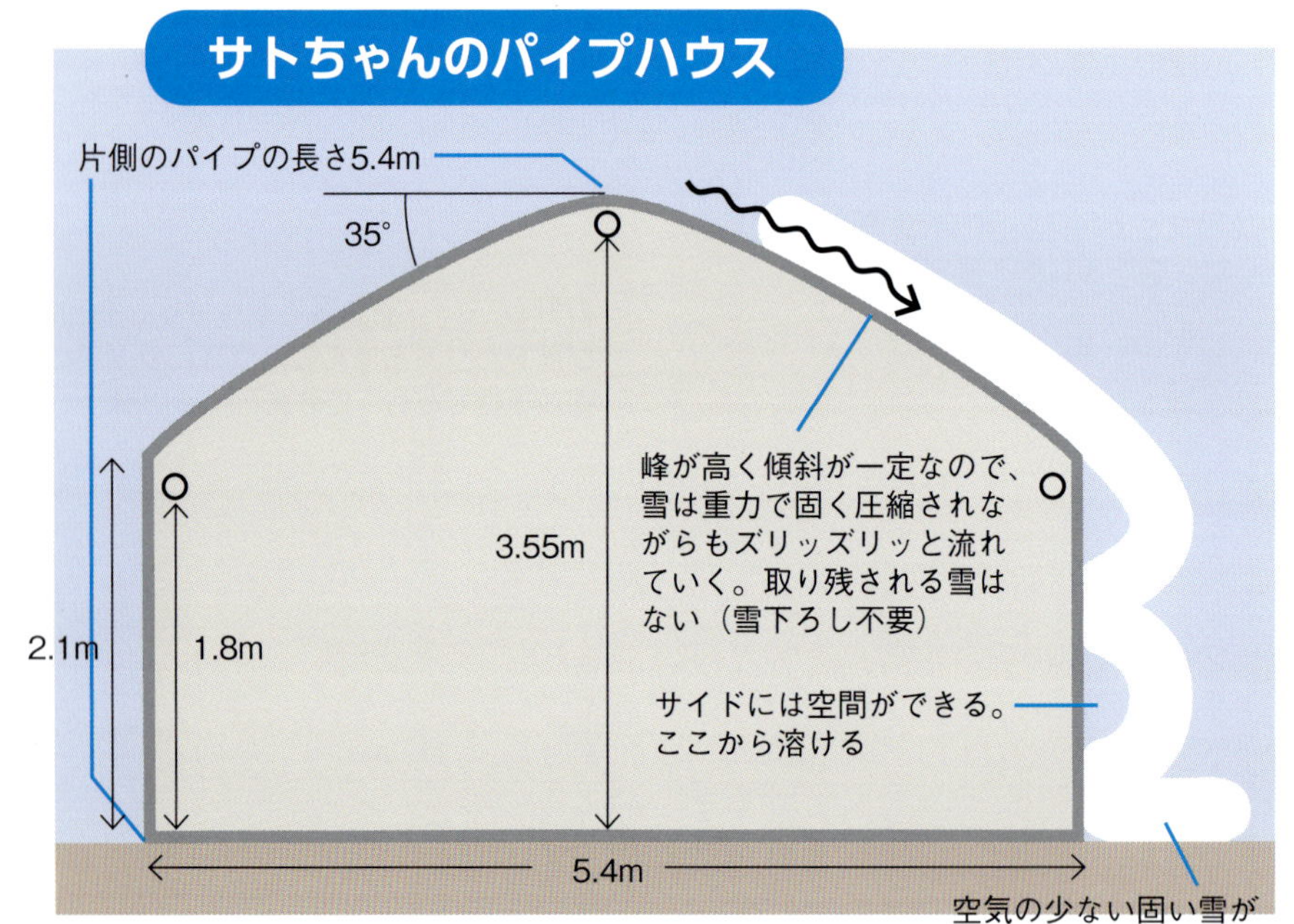

従来型のハウスは屋根の傾斜が一定ではないので、流れ落ちる積もった雪は肩にくるにしたがってスピードを増し、新たに空気を包み込みながら落ちる。サイドに落ちた雪はフワッと空気を包んでおり、ハウスの肩まで積もってしまうのも早い。さらに、空気を多く含んだ雪は断熱効果が高く、なかなか溶けてくれない。次々降り積もる雪は、人間が雪かきをしてやらないと、あっという間にハウスが見えなくなってしまう。

いっぽう、サトちゃんが持っている「雪下ろし不要、雪かきも不要」という画期的な4棟のハウスは、屋根の高さが高く、傾斜がきつくて一定なので、雪は圧縮されながら氷河のように押し出されて流れ落ちる。落ちた雪は固くしまっているので、ハウスの熱で横からどんどん溶けてしまうことになる。

サトちゃんハウスの谷間に溜まった雪の断面を見てみた。ハウス脇には見事に空間ができている。上がふさがっているのでハウス内の熱は効率よく消雪に役立ちそう。反物のように重なった積雪は柔らかいところと固いところが入り組んでおり、不均一な感じ。

従来型のハウスだと雪が溶けた水はビニールに沿ってしか流れないが、このハウスはサイドが垂直になっているおかげで、不均一な積雪の中を、水は迷路を流れるが如く雪を溶かしながら流れていく。溶けるスピードはとても早そうだ。

ちなみに、この雪の上は、人が歩けるほど固い

ハウスの内側からサイドのビニールを押してみても、そこには30cmほどの空間ができている

ハウスの肩まで雪に覆われていても、ハウスの中ではすくすくと冬野菜が育っていた

台風にやられないハズがやられてしまった 鉄骨ハウスの弱点はココだ！

小沢 聖（国際農林水産業研究センター）

二〇〇三年九月、猛烈な台風十四号が沖縄県宮古島を直撃し、台風に強いはずの鉄骨ハウスが倒壊した。いったい、どこが弱かったんだろう？

農家の協力を得て現地調査を行なってみると…。

現代農業二〇〇五年八月号　鉄骨ハウスの弱点はココだ！

POフィルムは破れなかった しかし、それが裏目に出た

一般にはPOフィルム（スーパーソーラー）よりも高価な硬質フィルム（エフクリーン）のほうが丈夫と考えられがち。しかし、上のように厚さ0.2㎜のPOフィルムを展張したハウスではフィルムが破れず、下材ごとはがされていた。下のように硬質フィルムを展張したハウスではフィルムがちぎれ、骨材の被害が少なく、作物も助かっていた

ハウスの妻面の基礎が動いた

側面の基礎は問題なかったが、妻面の基礎が内側に動いていた。１本ずつ個別にコンクリートを打つ「独立基礎」では弱い。この場合、独立基礎の上部だけをつなぐ「帯基礎」にすれば強度も増すし、「連続基礎」よりも建築費が安く、課税対象にもならない

側面の垂直パイプが曲がった

鉄骨ハウスでは側面フィルムのばたつきを押さえる垂直パイプが欠かせない。この垂直パイプが弱いと側面が破壊され、ハウス内に風が入って屋根面が破壊される。垂直パイプは肉厚のものがよい

●改善例

トラスと柱に筋交いを入れて側面を強化

垂直パイプとフィルムの間にネットを、柱とフィルムの間にサンサンネットを張ってフィルムの擦れを防ぐ

ボルト・ナットがゆるみ、脱落

左上はハウスの垂木ジョイント部分で、上は脱落したボルト・ナットの収集作業のようす。被害の大きかったハウスほどボルト・ナットのゆるみ・脱落が多かった

鉄骨ハウスのジョイントの位置

ハウスの向きとジョイント別の脱落ボルト・ナットの割合（%）

向き	ハウスNo.	ジョイントの位置					
		棟	梁	垂木	基礎	屋根ブレース	側面ブレース
南北	1	2	8	5	0	80	0
	2	12	22	2	0	75	0
	3	0	22	13	0	50	0
東西	4	0	80	0	0	60	0

屋根ブレースが鉄骨ハウスの弱点

被害の大きかったハウスでは、垂木ジョイント、基礎プレートを固定するボルト、ナットが多く脱落し、緩んでいた。ボルト、ナットは緩んだ後に脱落するので、被害の少ないハウスの各ジョイントでその緩みと脱落を数えれば破壊が始まる位置を特定できる。結果は表のようになった。

妻面から風を受けた南北向きハウスでは屋根ブレースジョイントから、側面から風を受けた東西向きハウスでは梁ジョイントから破壊が始まっていた。東西向きハウスでは屋根ブレースジョイントのボルト・ナットの脱落も多かった。これは屋根ブレースが鉄骨ハウスのウィークポイントであることを示している。

激安！ 反当三〇〇〇円也

遮光ペイント剤のつくり方

千葉県多古町　篠塚正男さん

ハウスの遮光に使うペイント剤は買うとどれも高く、一五ℓで一万円以上はする。しかし、石灰と木工用ボンドを材料に自分で作れば、二〇〇ℓが三〇〇〇円ちょっと。これでハウス一反に十分かけることができる。サラダ野菜を四haのハウスで周年栽培している篠塚さんに実際に作っているところを見せていただいた。ポイントは遮光したい暑い時期だけ付着して、秋には早々に落ちてくれる材料の配合割合だ。

（赤松富仁撮影）

現代農業二〇〇九年八月号　極安！　遮光ペイント剤のつくり方

手づくり遮光ペイント剤をかけたハウス。これくらいで遮光率50％の被覆資材と同じ効果がある。煮えかえるような真夏のハウスでも、きれいなホウレンソウができる

ゆっくり歩くスピードで散布。動噴の噴口は使い古しで穴が大きくなったものを使う

材料の粉末生石灰（20kg：1,200円）と木工用ボンド（3kg：680円）。これらを混ぜる割合がミソ。暑くなる6月下旬ごろに散布し、涼しくなる10月ごろには落ちてほしい。試行錯誤の結果、水200ℓに生石灰30kgと木工用ボンド6kgくらいがちょうどいいことがわかった

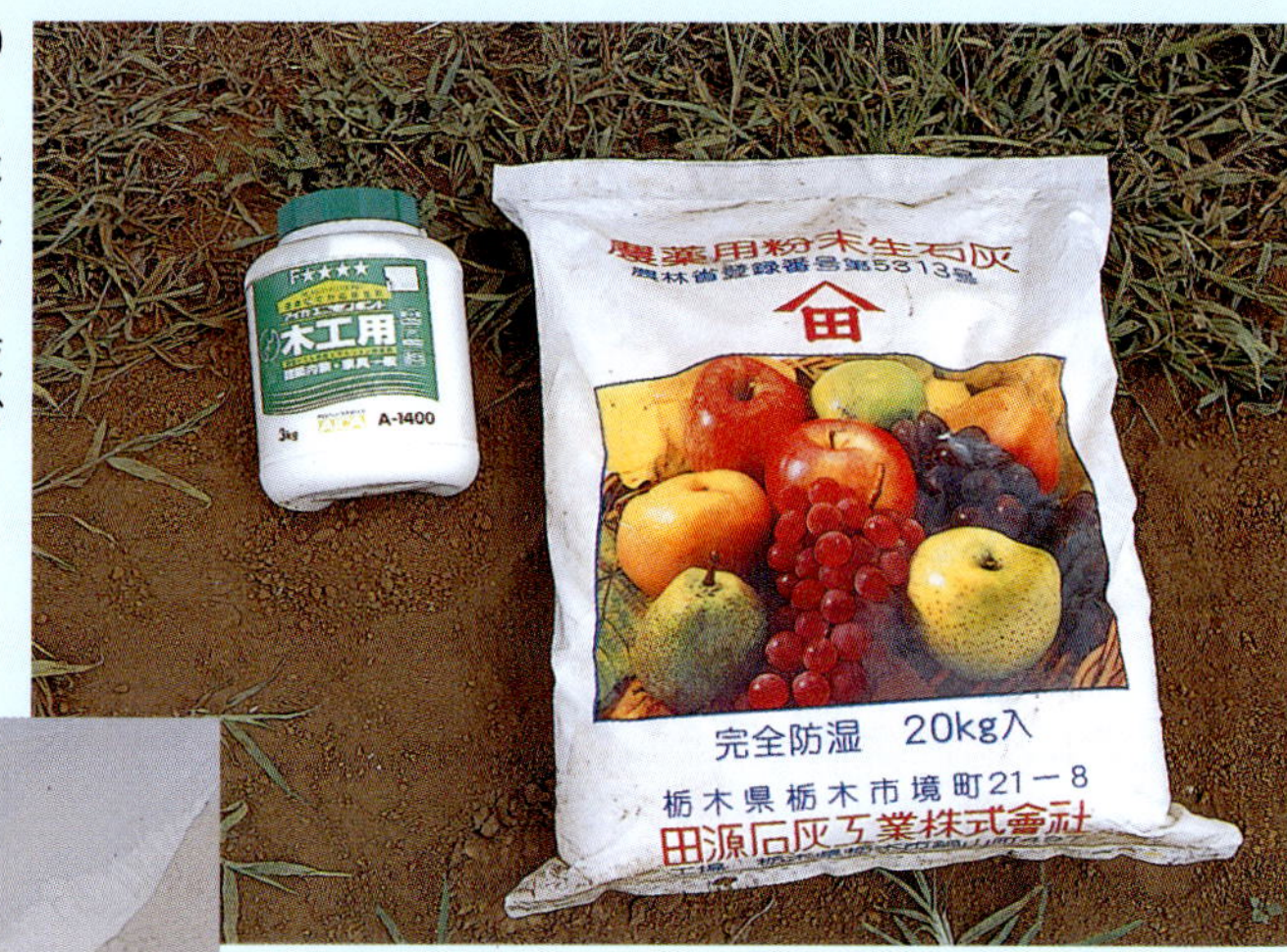

粉末生石灰は粒子が細かく混ざりやすい。以前、炭カル（粉末）を使ったときは粒子が粗くて動噴の吸水口が詰まってしまった

タンクの水200ℓに、生石灰30kgを少しずつ入れる。ドカッと入れるとものすごい熱が出るので注意。竹ボウキで攪拌しながら入れるとよく混ざる。所要時間は20分くらい

ボンドはバケツで水に溶いてから入れると混ざりやすい

石灰の量より展着剤になるボンドの量が大事だと篠塚さん。多ければ剥がれにくく、少ないとすぐ剥がれる

できあがった液。トロトロした感じ。散布するときは石灰が沈殿しないよう、ほかの人が竹ボウキでタンクをつねに攪拌する

遮光ペイント剤を散布したハウス。200ℓで1反のハウスはゆうにかけられる

篠塚正男さん。ペイント剤のおかげで酷暑の8月でもホウレンソウがとれた

まえがき

「ハウスは飯の種」と、本書に登場する農家は言います。ハウスがあれば、年間を通してさまざまな作物をつくることができ、天候に左右されず中で作業もできたりと、経営にとって大きなプラス、支えとなります。しかし、近年は、大雪や強風などこれまで経験したことのないような異常気象のため、ハウスが倒壊したり、ビニールが破れたりする被害も続出しています。せっかくのマイハウスを理不尽な風や雨でつぶされたらやりきれません。そこで本書では、ハウスを風雪に強くする補強法や、ラクにビニール張りをする方法、さらに暖房代減らしの工夫など、今あるハウスをより強く、快適にメンテナンスしながら長く使っていくための知恵を紹介します。また、ハウスの利点をさらに強力に引き出すアイデア、工夫も集めました。具体的には、

Part 1では、廃品を利用して建てた自作ハウスや竹ハウスの作りかたなど、農家自慢のハウスを紹介。

Part 2では、強風・大雪対策。針金やロープなど、身の回りにあるもので補強する方法や、万が一被害を受けたときにラクに修繕・解体する方法などをまとめました。

Part 3は、ハウス内を快適にする工夫として、遮熱フィルムによる暑さ対策やお金をかけない暖房代減らしのアイデアを。

Part 4は、ハウスの工夫で、病害虫の侵入を防ぐ対策。

最後にPart 5は、ビニール張りなどの作業をラクにする方法の特集です。

本書をみなさまの日々のハウス作業にお役に立てて頂ければ幸いです。

一般社団法人　農山漁村文化協会

農家が教える無敵のマイハウス●目次

カラー口絵

Part 1　わが家の自慢ハウス

●こんなハウスもある！

Part 2　これで強風・大雪も怖くない

●風に強くする

Part 3
夏涼しく、冬暖かい ハウスの居心地アップ術

Part 4 病害虫に強いハウス

●あると便利な道具、機械、しくみ

執筆者・取材先の情報（肩書き、所属など）については『現代農業』掲載時のものです。

Part 5 ハウス管理を上手に、ラクに

●ビニール張りをうまくやる

Part 1
わが家の自慢ハウス

手作りハウスで第三の人生を楽しむ（26p）

冬でもハウスは緑のじゅうたん（34p）

雨が防げる！　いいものとれる！　張り合いがある！

何をするにもハウスが便利！

奈良県桜井市　中村秋子さん（編集部）

ハウスはぜんぶ一人で建てた

この休憩用ハウスも、となりの育苗ハウスも七～八年前に私がぜんぶ一人で建てましたんで。トマトのハウス四棟は一五～一六年前にお父さんと二人で建てましてん。でもそのあと、お父さんが胃ガンの手術して手伝ってもらえへんようになってからは、ビニール張りは毎年一人でします。できることは何でも一人でしますねん。

人にしてもらうなら、人夫賃を払わないかんやろ。一日一人一万円かかったとして、五人来てもらったら五万円。野菜で五万円もうけるのは大変ですよ。

自分でやったら、勝手がわかってるからやりやすい。風がどこから当たるかとか、畑がどっちに少し傾いとるとか。もちろん、女やから男より時間はかかるで。だけども毎年したら、こうしたほうが強くなるとか、知恵が毎年積み重なっていくわな。せやから自分の力でしたほうが楽しい。

風にも雪にも負けません

この休憩用ハウスがある畑も、ちょっと勾配があんねん。低いほうからの押し（筋交い）を多くして、風や雪でハウスが押しつぶされんようにしてますねん。

このハウスはなぁ、二〇年前に大雪が降ってつぶれたイチゴハウスのパイプをお父さんが延ばしてくれて、畑に積んであったのを使って建てたんや。お父さんと建ててたときのやり方が頭に入ってますさかい、一人で三日で建てましたんで。脚立に乗って、上向いてやるから、それは肩が凝るでー。でも自分一人で建てたハウスを見ると、ようやったなーと思う。自分をほめますやで。

今はもう昔みたいに雪は降らんから、積もって五cmから一〇cmやけど、天気予報見といて、明日は雪というときは、竹を持ってハウスに走るで。切っておいた竹を天井の直管パイプの下に立てて、鍬で根元に土を寄せる。三〇mのハウスに五～六本立てたら十分や。

雨のとき金魚鉢にならんよう、ビニールはピンと張る

おかげで台風や大風でハウスが飛ばされたことはない。雪でやられたこともない。周りの人からは「あんたとこは、風でも雪でも何でも来いやな」っていわれる。

今年の春の爆弾低気圧のときも、ビニールが張ってあったけど、うちのハウスは山に

中村秋子さん（75歳）。1月末播き4月末定植で、6月末から8月いっぱいまで収穫のトマト（1,200本）が経営の中心。トマトのあとは七草用のダイコンをつくる

中村さんのハウス。早朝から夕方まで一日の大半をここで過ごす。朝も昼も休憩用ハウスで食事をとり、ここから買い物にも行けるように簡単な着替えも置いてある。「いちばん安らぐ場所」ビニールがかぶっていないハウスはホウレンソウ、ニンジン用

囲まれてるから何ともなかった。その代わり、ビニールはピンと張っとくで。シワが寄ると、金魚鉢みたいに雨がたまって破れるでな。マイカー線も台風前にはきちっと張り直す。張り方に急所があんねん。

ビニールを地面まで下ろしてから右足を踏み出してな、両手を使ってマイカー線を三べん引っ張る。マイカー線を指で弾いて、三味線の音みたいにピンピンという音が鳴らんといかんで。そして地際の横パイプに結びつけるねん。こうしとけば、どんな風が来たかて知らん顔してるで。

ハウスがあるから張り合いがある

九月になると、ビニールをはずして、年明けの七草用にダイコンを播きますねん。そしたらまたトマトや。二月にはビニールを張って寒さと雪からトマトを守りますねん。

トマトは露地の頃からつくり始めて一五、六年になる。朝、ハウスに来たらトマトに「お母ちゃん来たぞ。水やろうか?」と声かける。トマトはかわいいですよ。農協に出すからには、いい品物をつくらないといかん。

筋交い
低い

少し傾斜のある休憩用ハウスに入れた筋交い

一人でできる中村さんのハウスの建て方

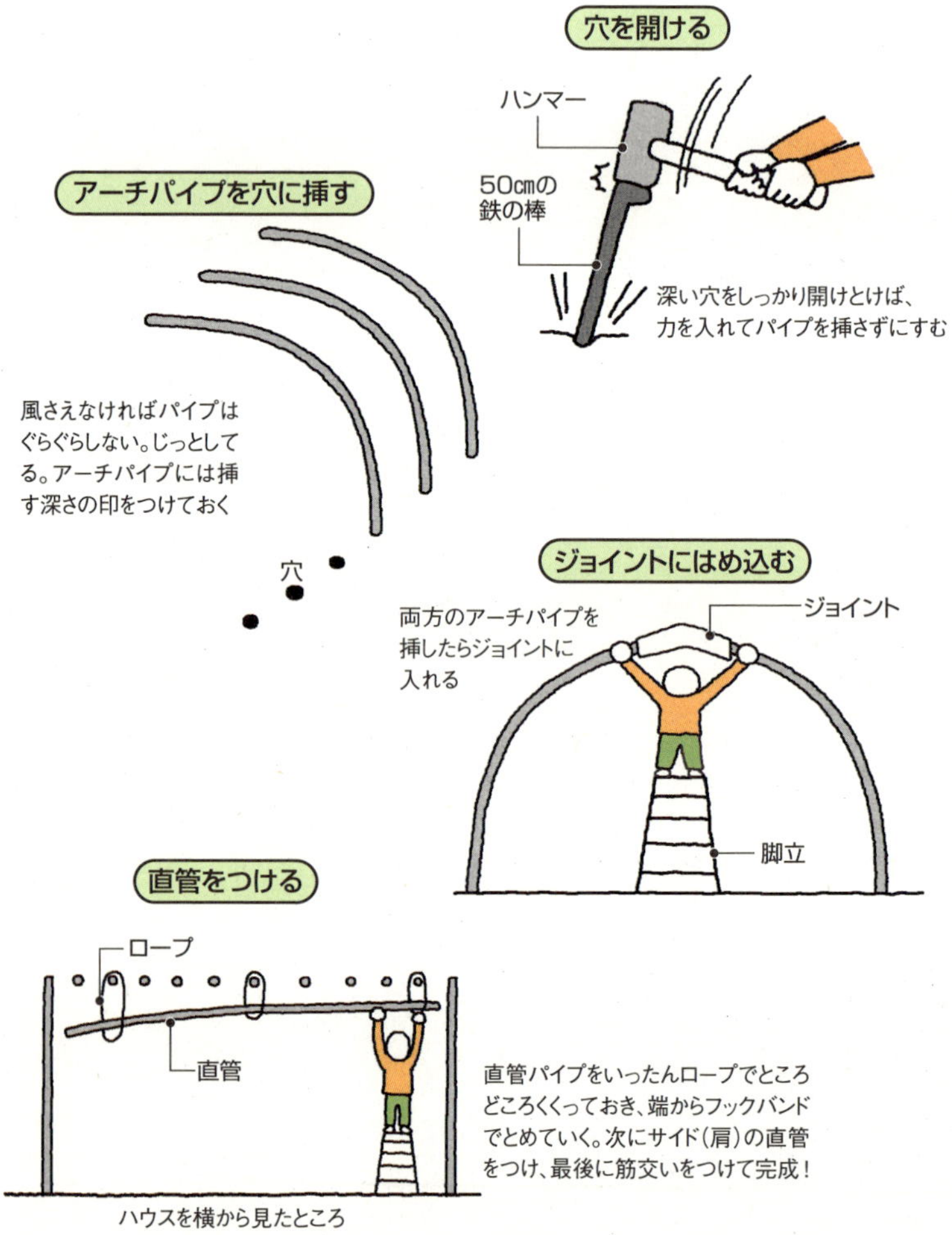

穴を開ける
ハンマー
50㎝の鉄の棒
深い穴をしっかり開けとけば、力を入れてパイプを挿さずにすむ

アーチパイプを穴に挿す
風さえなければパイプはぐらぐらしない。じっとしてる。アーチパイプには挿す深さの印をつけておく
穴

ジョイントにはめ込む
両方のアーチパイプを挿したらジョイントに入れる
ジョイント
脚立

直管をつける
ロープ
直管
ハウスを横から見たところ
直管パイプをいったんロープでところどころくくっておき、端からフックバンドでとめていく。次にサイド(肩)の直管をつけ、最後に筋交いをつけて完成!

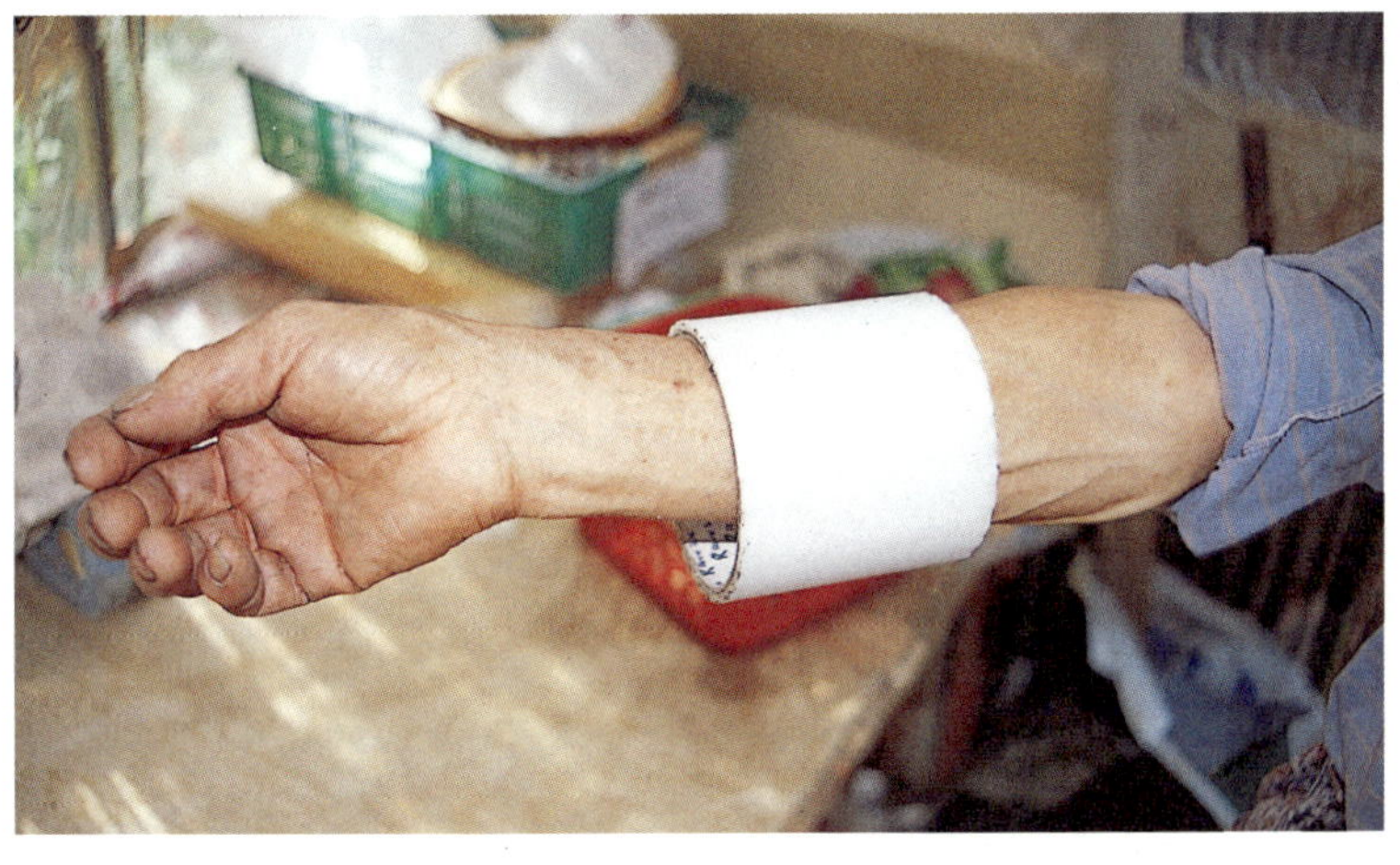

ビニールが破れたときに使う補修テープの「はろうぱいおらん」。こうして腕に通して脚立に乗る。手で破れるのでハサミもいらない

中村さんのビニールの張り方

① ビニールをロープでくくり、ロープの先にペットボトルをつけて投げる

風のない朝に始める

水を入れたペットボトル

上から見たハウス

ロープ

たたんだビニール

② ロープを引いてサイド(肩)直管に結ぶ

③ ハシゴにのぼり、ビニールの端を引き、中央直管に結ぶ(反対側も)

風上からくくりつける

④ ロープを引くと完全にビニールがのる

⑤ 片方のビニールをほどいて広げ、パッカーでとめる

パッカー

⑥ ロープをほどき、ところどころをパッカーで仮どめ(反対側も)

⑦ サイド(肩)直管にくくってあったマイカー線を3本ずつ投げて仮どめしていく

水を入れたペットボトル

マイカー線

⑧ マイカー線を本どめしたら完成

夕方には完成!

それには、ハウスがなかったらいかん。

ハウスがあれば、雨が防げるからいいものがとれて、張り合いがあります。雨が降っても合羽を着なくて仕事できるし、消毒しても雨に流されないからクスリの効果もいい。何すれど、ハウスがあったほうが便利やな。

古いパイプが畑に転がっとったろ。今度あれを使うて、もう一本ハウスを建てよう思ってるねん。どこ建てようかなーと考えると、また楽しいですで。

現代農業二〇一二年十一月号
女一人で建てた無敵のマイハウス

早出し・遅出し自在、遮光栽培に棚栽培もできる

タダで作った直売用ハウスで第三の人生を楽しむ

山口県防府市　荒瀬　就（ひとし）さん（編集部）

自作の「こまいハウス」と荒瀬さん

こまいハウスはいいことづくし

「これ、ぜーんぶタダ。かっかっか」と笑うのは荒瀬就さん（八〇歳）。背にしているのは高さが一五〇cmで幅一三〇cmほど、奥行きが二〇mの手作りハウス。三棟あるこの小さなハウスを活用して、一年中野菜をつくって直売所に出している。

「こんなこまいハウスでも、あるのとないのとではぜんぜん違いますに」と荒瀬さん。冬場の保温効果で人より早く出せるのはもちろん、夏場は遮光ネットをかぶせて遅出しもねらえるという。最近も、暑い時期にタカナを出してお客さんに驚かれた。

もちろん、病害虫や風の被害も受けにくい。ここでつくるのはコマツナやホウレンソウ、ブロッコリーなどのおもに葉物野菜だが、農薬はほとんど使わないですむ。

それから、トンネル栽培と違って中に入って作業でき、間引きや草取りのたびにビニールやネットをいちいちはがす手間がいらないのもいいところ。さらに、夏場はビニールをはがしてトウガンやミニカボチャ、インゲンなどのツル性野菜を這わせてもいい。棚栽培は収穫作業がラクで、棚下にも野菜をつくって有効活用できる。

こんな、いいことずくめのハウスがタダでできるというのだから驚きだ。

「パイプは雪で潰れたハウスの廃材をもらってきて、フィルムも余りもの。フィルムを押さえるシシよけネットもリサイクル」だそうで、「ぜーんぶタダ」なのだ。

パイプの曲げ伸ばしも簡単自在

しかし、いくらタダといっても、廃材を活用するには鉄パイプを曲げたり伸ばしたりする必要がある。素人には難しそうだ。

「いやいや、こんな年寄りでもできるんだからわけない。パイプは簡単に曲げられますに」

荒瀬さんのパイプの曲げ方伸ばし方

曲がったパイプを、脚立の段（ステップ）を利用して修正していく。パイプが傷つかないように、脚立には段ボールなどを巻くとよい

脚立に乗って、脚を田んぼに埋め込んで固定する

グニャグニャに曲がっていたパイプも、ものの10分で「このとおりですぃに」

太いパイプもコンクリート製の橋に開いている穴や暗渠の穴を利用して曲げてしまう

細かい修正は木槌で（写真は金槌）

海から吹く強い風にも耐えられるよう、南南東に向いたハウスの妻面をコックピットのような形状にした。強烈だった春先の爆弾低気圧にも耐えた

と、自宅の倉庫から引っ張ってきたのは、内張りフィルムに溜まった水の重みで曲がってしまったというグニャグニャのアーチパイプと、アルミ製の脚立。そして脚立を田んぼの空きスペースに持っていくと、段（ステップ）に乗って体重をかけ、左右に揺らしながらぐいぐい土に埋め込んでいくではないか。

あっけにとられて見ていると、グニャリと曲がったパイプを、固定した脚立の段を利用してグイッグイッと伸ばしていく（前ページの写真）。てこの原理を応用した華麗な技で、へし曲がったパイプがなんと、ものの一〇分もしないうちに真っすぐになってしまった。いや、おみごと。

同じように、真っすぐなパイプからアーチパイプを作るところも見せてもらった。鼻歌を歌わんばかりの荒瀬さん。パイプはあっという間にきれいな弧を描いた。足場パイプのような太いパイプだって、コンクリートに開いた穴や暗渠の穴を利用して、曲げるも伸ばすも自由自在なのだ。

この調子で「こまいハウス」は、なんと半日もかからずに作ってしまったという荒瀬さん。「ようは工夫次第ですに」と、したり顔だ。

経費をかけては割に合わん

聞けば荒瀬さん。六〇歳まで約四〇年間大工をしていたという。大工を引退した翌年、自宅の近くにハウスを五棟建てて、市場ですすめられたコマツナ栽培を始め、周年栽培して市場出荷するようになった。ところが、ハウスを増築した矢先、六九歳のときに脳梗塞で倒れてしまい、それをきっかけに経営を息子に譲った。現在の直売所農業は第三の人生というわけだ。

農業を始めた際に強く思ったのが「農業はあれこれ経費をかけていたのでは割に合わん」ということ。

「大工をしていたとき、懇意にしてた種苗店に頼まれてハウスを建てるてご（手伝い）をして歩いた。そうやって人に頼めば高くつくハウスも、自分で建てれば同じハウスが半額くらいで建ちますぃね」

風を逃がすコックピット型ハウス

当然、自分のハウスは全部自分で建てた。自分で建てたハウスだから随所に工夫の跡が見える。ひときわ目を引いたのが南南東に向いたハウスの形状だ。たとえるならば飛行機のコックピットか。今まで見たことがない形をしている（右ページの写真）。

このハウスの前は田んぼが広がり、荒瀬さんによれば、周防灘まで何も遮るものがないそうだ。台風のときは海からの風が直撃し、以前同じ場所に建っていたハウスは、平成三年の台風十九号で潰れてしまったという。

そこで考えたのがコックピット型ハウス。ハウスの表面が風を受けてしまわないように、飛行機や新幹線を参考にして風を逃がす形状にした。アーチパイプは妻面に近づくほど短く、アーチの角度が深くなっている。

直管パイプから、好きな角度でアーチパイプを作ってしまう荒瀬さんならではの工夫だ。

おかげで、それから二〇年、いかなる台風にも負けていない。今年（二〇一二年）の爆弾低気圧にもビクともしなかったという。

直管パイプとトンネル支柱で作るミニミニハウス。簡単だからと女性にすすめている

女性におすすめのミニミニハウス

コックピット型ハウスも今は息子さんに譲り、自分はもっぱら「こまいハウス」で野菜をつくる荒瀬さん。最近、とくに女性にすすめているという、簡単ミニミニハウスを見せてくれた。

万願寺トウガラシをつくっていたそのハウスは、直管パイプ（二二㎜口径）二本にトンネル支柱を挿して、等間隔に並べただけのシンプル構造で、必要なときにだけ作るという。

大きなトンネルと呼んだほうがよさそうなこのハウスのいいところは、「とにかく簡単で、一時間ほどですぐできること」だと荒瀬さん。材料費が安く、作物や自分の身長に合わせて大きさを変えられる。このときは遮光のための寒冷紗をかけていたが、冬場はもちろんフィルムをかけて保温もできる。簡単だけどとても役に立つのだ。

第三の人生を、直売所野菜づくりで楽しんでいる荒瀬さん。手作りハウスには、「趣味と仕事を兼ねた年寄りの悪さですぃに」と笑う顔の、しわの数だけ工夫があった。

現代農業二〇一二年十一月号
直売用ハウスはぜーんぶタダで作った

爆弾低気圧に勝った最強のマイハウス

風の予測方法、最強の補強ノウハウ公開

新潟県胎内市　渡辺秀雄

ハウスを揺さぶる筆者。頑丈な補強構造なのでビクともしない（赤松富仁撮影、以下Aも）

私は新潟県北部の胎内市で農業をしています。栽培しているのは、促成・抑制トマト、直売用の多品目野菜、イネやタバコなどです。

当地は日本海より直線で約二kmのところにあります。ここでは、台風が来ても足が速くて一晩程度しか風は吹きません。それよりも一番恐ろしいのは冬の季節風です。風速三〇m超、波の高さ六～七mが三日は続きます。それが一冬に五回はあるのが普通です。だから通年利用するパイプハウスはそれなりの強度が必要です。一方、積雪は最高で一・五mくらいです。

風速四〇m超の爆弾低気圧に耐える

今年（二〇一二年）は大変な年でした。例年ならば、一月上旬から雪が降り始めて二月上旬までには終息するのですが、いつもより一カ月遅れて始まった大雪、二月四日から三月上旬まで吹雪が続きました。ハウスは無事だったのですが、雪解け水がはけきらず、トマトの苗が障害を受けてしまいました。

さらに追い打ちをかけるように襲ってきたのが四月三日の爆弾低気圧です。

私は普段、風の強さを予測するのに、新潟地方気象台が発表する波の高さを参考にしています。三日の晩は暴風波浪警報が発令され、波の高さは一一mを超えました。これはただごとではありません。冬の季節風をはるかに超える強さの風が吹いて、すさまじい被害が出るだろうと思いました。さすがに私のハウスがどうなるか見当もつきませんでした。

翌日、ある程度風が弱まったころにハウスを見に行きました。風速四〇mを超える風だ

ったので、壊れていても仕方ないとあきらめていました。ところが幸いなことに、被害は秋に張り替える予定だった八年超しのPOフィルムが破れただけ。一一棟七二〇坪のハウスは全部無事でした。県内では四〇〇〇を超えるハウスが壊れてしまったそうです。

原点は竹ハウスの補強

私のハウスの補強の原点は、子どものころに経験した父の手伝いです。当時は、孟宗竹を八つに割ったものをパイプ代わりに組み立てた竹ハウスが主流で、強風が吹くと、竹ハウスに垂木（たるき）を打ち込んだり、釘でビニールを止めたりと補強の手伝いをたびたびさせられました。どうしたら強風に耐えられるのか、作業をしながら自然と考えるようになりました。

その後、昭和三十八年ころよりパイプハウスが出回り始め、当時農業高校三年生だった私は、春の実習で自宅にパイプハウスを自分で建てました。風対策として、肩のところに孟宗竹を支柱のように結び付けて補強しました。

また、昭和五十八年に父が亡くなったときにブドウの雨よけハウスを解体したのですが、このパイプは肉厚で頑丈そうだったので、これをパイプハウスの横梁に使ってみたところ、雪の重みに耐えて初めてビニールを張ったまま冬越しできました。

最強ハウスの作り方

現在はハウス補強の部品はほぼ出揃ったと思います。とりわけコンクランプ（以下、コンクラ）が開発されたことで、パイプハウス

図1　昔の竹ハウスの補強のしかた

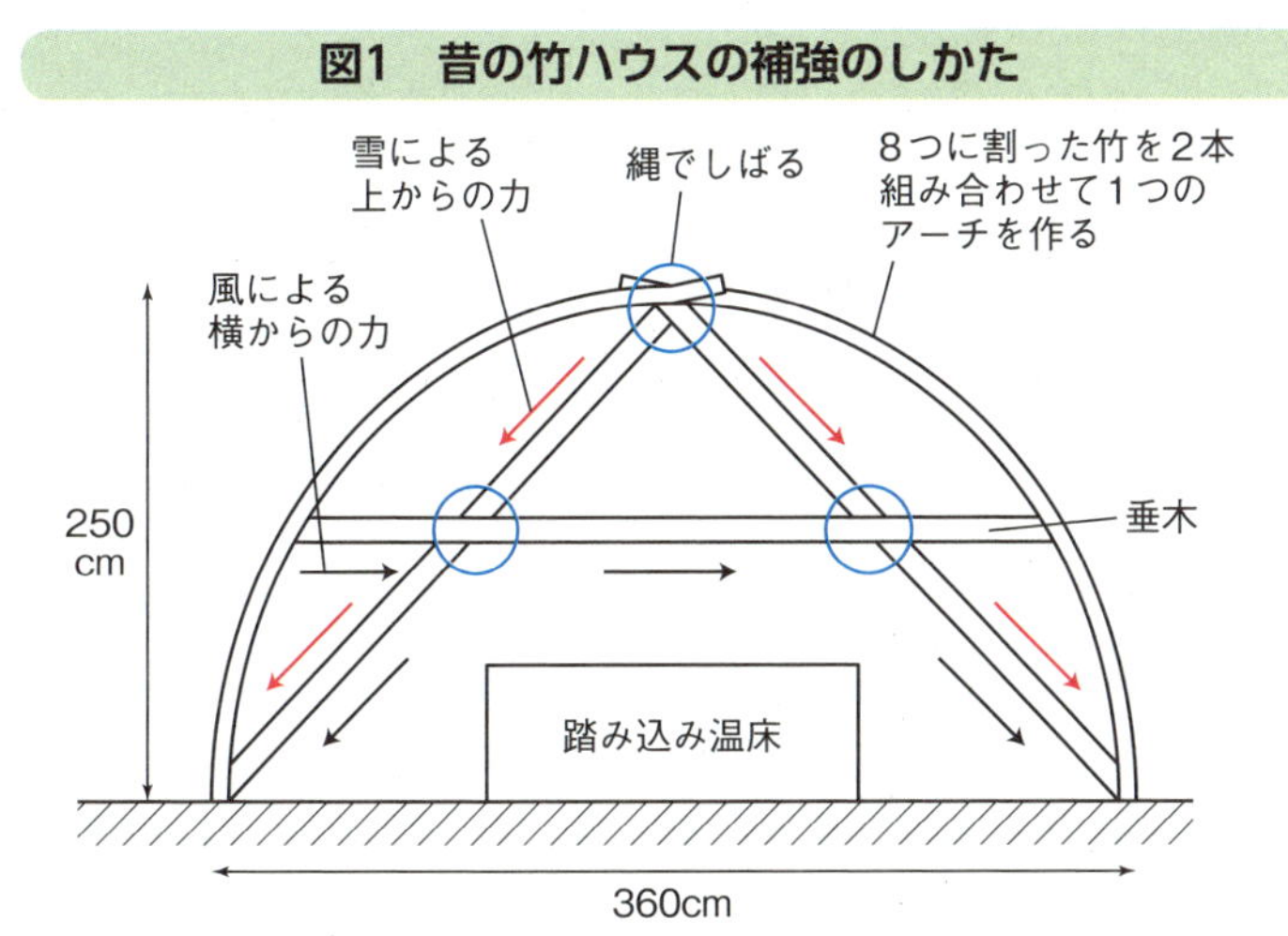

矢印のように外からの力は地面に分散される。竹ハウスの奥行きは5間（9m）ほど、6尺（180cm）ごとに垂木で補強。当時の経験が今の補強方法の原点

図2　渡辺さんのハウスの補強のしかた

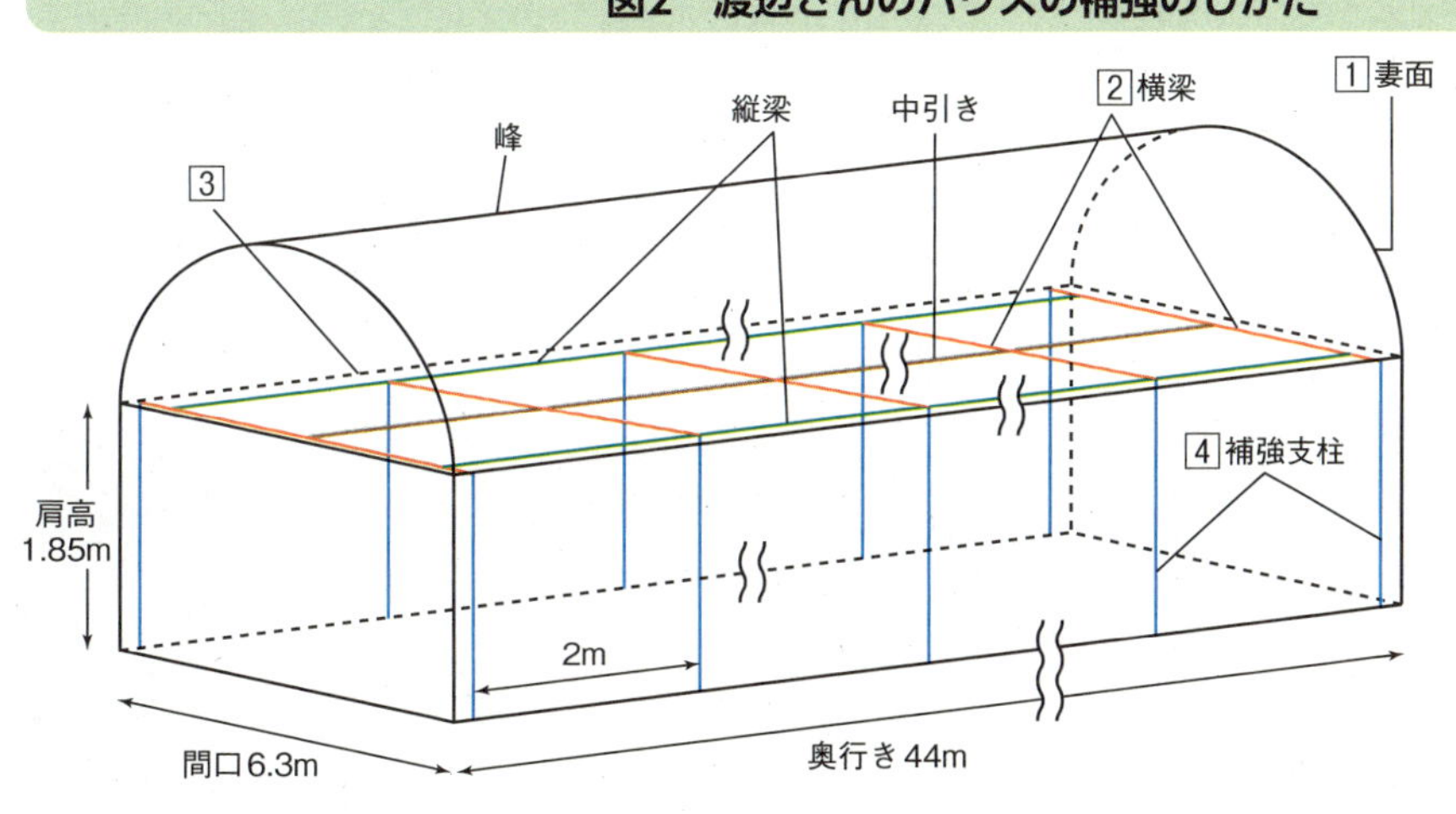

赤・緑・茶・青の線が単管パイプ（直径48.6mm）で補強したところ。横梁と補強支柱は2m間隔で設置。このくらいのハウスを補強するには20万円ほどかかる
※図注の番号は、次ページの各部の説明写真に対応

図3　横梁の接続方法

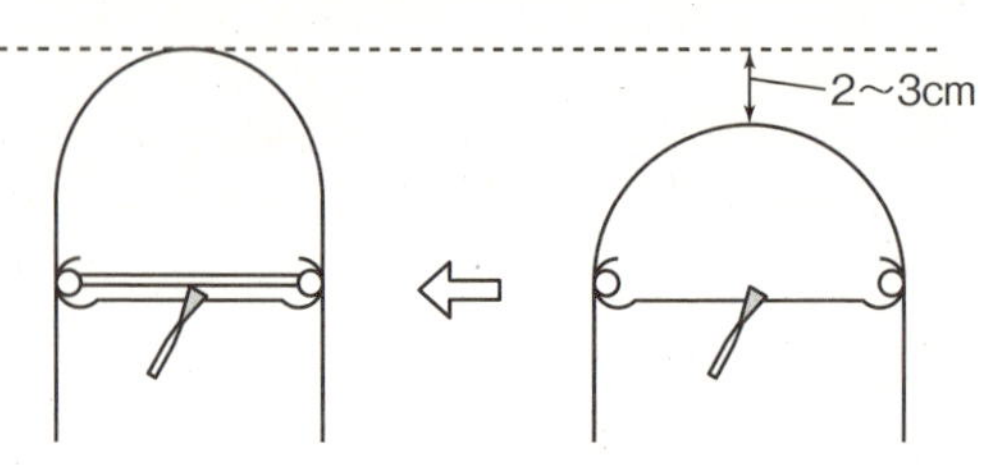

アーチパイプが２～３㎝たわんだところで、横梁を肩の直管パイプにコンクラで接続

張線器でアーチ肩部分の直管パイプを内側に引っ張る

※張線器の代わりに、ロープを張って、そこに体重をかけてアーチパイプをたわませることもできる

1 妻面の補強の様子。妻面のパイプを天井で折り返すと、強度が増すうえビニール張りのときの足場になる。ビニールが破れないようパイプの先端は内側に曲げておく。中引きと横梁はクランプで、横梁と妻面のパイプは番線でつなぐ（A）

の補強に単管パイプ（足場パイプ）を手軽に確実に取り付けられるようになりました。コンクラを使うことで、径の違うパイプどうしを組み合わせることができます（ハウスのパイプは二五㎜、単管パイプは四八・六㎜）。

では以下、私の一番面積のあるパイプハウス（約三ａ）を例に補強構造を説明します（図２）。

ハウスの壊れ方は二通りあると思います。一つは真上からの力、おもにダウンバーストや雪などです。もう一つは横からの力、おもに風です。ハウスを守るには、それらの悪い力を地面に逃してやればよいのです。

上からの力を横梁で逃がす

まず、上からの力への対策。アーチ肩部分の直管パイプに、コンクラを使って単管パイ

2 奥で干しているのはタバコの葉。生葉の状態では４～５ｔの重さがあったが十分耐えられる（A）

3 アーチ肩部分で、縦梁、横梁、補強支柱の単管パイプをつないだところ。ハウス肩の直管パイプと補強の単管パイプはコンクラで接続する（A）

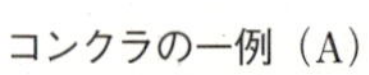
コンクラの一例（A）

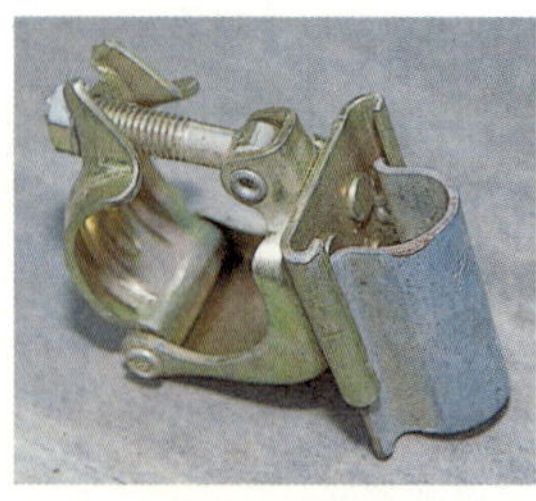

図4　補強支柱の固定方法

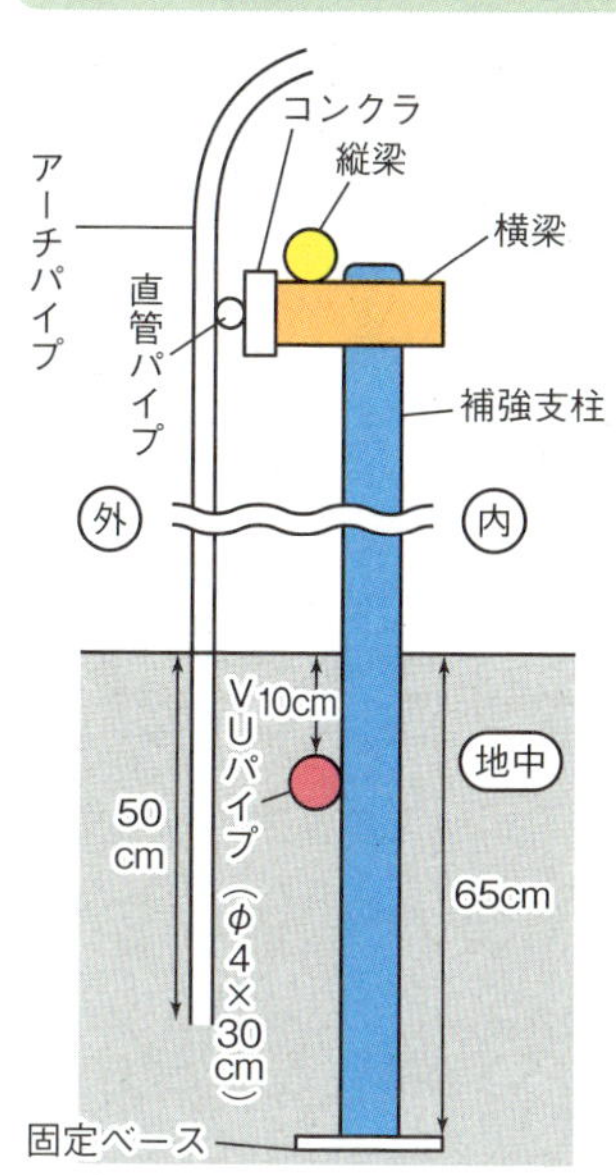

補強支柱に溶接した固定ベースの働きにより浮き沈みしなくなる。さらに揺れ止めとして、VUパイプ（30cmに切ってモルタルを詰める）をクランプで固定して地下に埋める

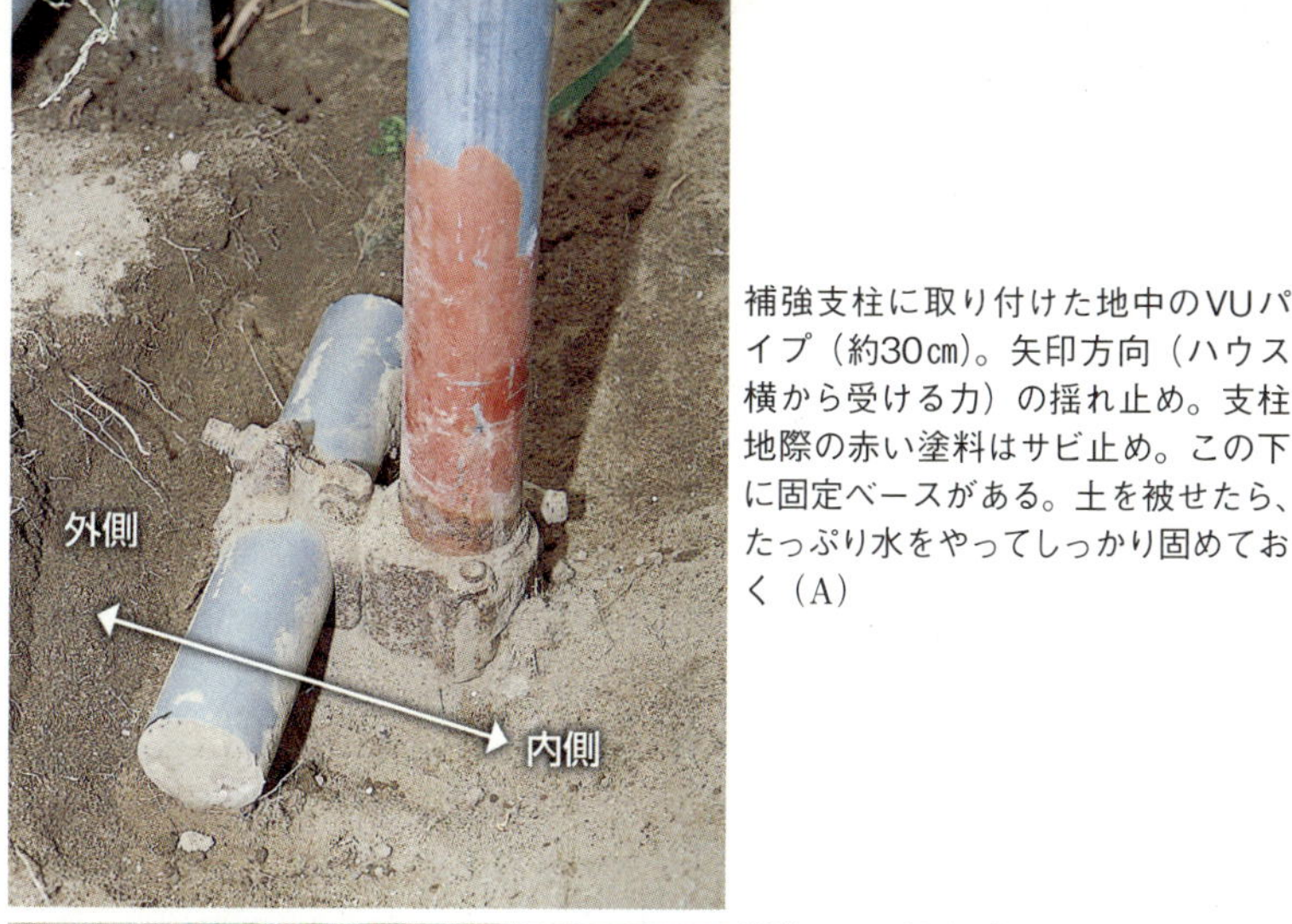

補強支柱に取り付けた地中のVUパイプ（約30cm）。矢印方向（ハウス横から受ける力）の揺れ止め。支柱地際の赤い塗料はサビ止め。この下に固定ベースがある。土を被せたら、たっぷり水をやってしっかり固めておく（A）

単管パイプを固定ベースに溶接したもの。単管パイプに水が入っても抜けるように、溶接は○印の2カ所と裏側にも1カ所の計3カ所（A）

プを横梁として取り付けます。この作業は、肩の直管パイプを張線器などで締め上げながら行ないます（図3）。これによって、直管パイプと連結しているアーチパイプの肩から上の部分をいっそう弓状にたわませるのです。すると、上からの力に対する反発力が数倍増します。

横からの力を支柱と縦梁で逃がす

次に横からの力ですが、恐いのはおもに風です。この力には肩で風を切るしかありません。それに役立つのが、単管パイプの支柱と縦梁、VUパイプの揺れ止めです（図4）。

この方法は風に対してよく効くのでハウスは揺れません。つまり、ハウスの肩が揺れないことで、横から受ける風の力を逃がす。「肩で風を切る」のです。昔はこれに木材や竹を利用したのですが、畑のバクテリアが強いため二年で腐ってしまいました。

縦梁は、横梁の両端にクランプを使って接続します。アーチパイプどうしを縦梁で連結することで数十倍の強さになります。

POフィルムをピンと張って完成

最後に被覆材ですが、この進歩はすばらしいと思います。以前は農ビの二年張りを使っていましたが、今はPOフィルムになり、とてもラクになりました。屋根に張るものはできるだけたるみやしわのないことが非常に大事です。しわやたるみがあると風が屋根の上をうまく滑らず、風の力を受けやすくなるからです。騒音だけでなく、破れや寿命を短くする原因になります。

フィルムをピンと張ると、全方位に筋交いを入れたかのような強度となり、最強のパイプハウスが完成です。

現代農業二〇一二年十一月号
爆弾低気圧に勝った最強のハウス

冬でもハウスの中は緑のじゅうたん。多種多様な葉物が育つ。ここから葉を1枚1枚摘み取りながら「ミックスサラダ」をつくる（赤松富仁撮影）

珍しい葉物品種のタネ袋を持つサトちゃんこと佐藤次幸さん。イネや多くの野菜・ハーブ類を栽培。レストランやペンション、個人のお客さんに宅配して喜ばれている

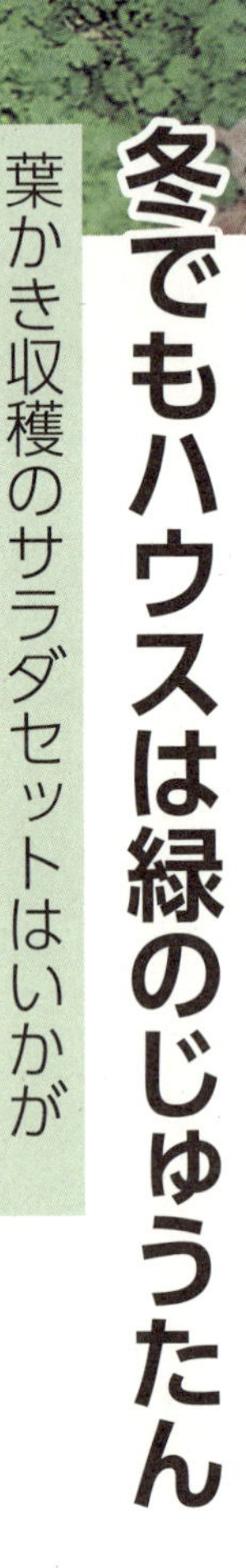

冬でもハウスは緑のじゅうたん

葉かき収穫のサラダセットはいかが

福島県北塩原村　佐藤次幸さん（編集部）

一〇〇種類以上の野菜とハーブを栽培する福島県北塩原村の佐藤次幸さん。品種の多さをいかして、いくつもの葉物とハーブを少しずつ一〇種ぐらい混ぜて「ミックスサラダ」という名前の商品にしたら、「おいしい！」「すぐにサラダに使える」とお客さんに大好評。

　サトちゃんのサラダセットづくりのポイントは、株ごととらないで、葉をかいてとり続けること。するとレタス一株が一〇〇〇円になる！

「基本的に葉物はね、一回で収穫せずにある程度育てて葉をかいて出していく。会津みたいに寒いところは、一度とったらタネをまいても次のがなかなか出てこないから。

　レタスもふつうは球で収穫するから一株とったら終わりでしょ。そこを、うち

バタビアレタスの「ビバロッソ」「ビバベルディ」を中心に、苦味があってアクセントとなる葉物や香りのよいハーブを混ぜる（11月29日）。このほかに色どりにミニハツカダイコンを加える

ビバベルディの葉をかく

は葉を一枚一枚摘みながら十二月から三月まで収穫していく。だから春になるとうちのレタスって生長して高さが一mぐらいになってるよ。

もちろんレタス一品種を単品で出すのもいいけど、バタビアレタスをメインに、いろんな葉物とハーブを混ぜて『ミックスサラダ』って名前で売ったら、個人で宅配している人にもレストランのシェフにも、すごい好評。いろんな品種が入っているし、すぐにサラダに使えるからいいんだよ。一枚一枚摘むのはちょっと手間がかかるけど、『一株とって終わり』じゃないから、これが一株一〇〇〇円になるレタスの話なのよ」

しかも玉で出してたときよりクレームも少ない。レストランも全部の葉が使え、ふつうのお客さんもゴミが少なくてすむという。

現代農業二〇〇六年二月号
袋をあけたらそのまま食べられる
サラダセットをどうぞ／
珍し葉物のサラダセット編

年末商戦で有利販売！

イネの育苗ハウスで甘柿ポット栽培

南條雅信（富山県農林水産総合技術センター）

甘柿ポット栽培に取り組む県内の農事組合法人（育苗ハウスを利用）。収穫は冬だが、ハウスの中なので寒くない。せん定なども、樹高が低いので、3段の脚立を使う程度ですむ

米価下落を果樹で補う

富山県は豊富な水資源を活かし、全国有数の稲作地帯を形成しています。しかし、近年の米価の下落は水稲を中心とした富山県の農業に大きな打撃となっており、水稲と果樹など園芸作物を組み合わせた複合経営による経営の安定化が急務となっています。

このような状況の中、果樹についてはリンゴやモモなどを導入する経営体が増え、新産地の形成が推進されてきています。今回は、栽培管理が比較的容易な甘柿を新たな複合化品目として選定し、「太秋」「富有」のポット栽培に着目して、その栽培技術の開発に取り組みました。

“育苗ハウス＋ポット栽培”の利点

この栽培の特徴は、甘柿を移動可能なポットで栽培することです。成熟期以外の期間は露地で管理し、八月下旬からハウスに搬入。すると、成熟を遅らせることができ、年末の贈答用販売に向けて十一月末から収穫できるのです。利点はいくつもあります。

（1）ハウスに搬入して成熟期間の気温を高めに維持すれば、果実の糖度が高まり、ヘタすきなどの障害が少なく、外観に優れた甘柿が生産できる

（2）既存のハウス（育苗ハウスなど）の利用を前提とするため、施設導入に要する費用はなく、開園費用は苗木とポット、かん水装置程度ですむ

（3）収穫期は露地栽培との競合が少ない十一月末から始まり、品質もいいので、年末の贈答向けとして有利販売が可能である

（4）ハウスへの搬入がイネ刈りと重なる場合があるが、管理作業の大部分は十一月末からの収穫調製作業であるため、稲作との作業競合が少ない

（5）低樹高で管理しやすく、また、ポットを利用し根域を制限した栽培方法であるので、結実までの年数が短く早期に収益が得られる

露地＋ハウスで長期連続出荷が可能

現地実証試験に協力をいただいた経営体では、平成十五年から育苗ハウスでの甘柿ポッ

ト栽培に取り組んできており、現在は露地甘柿三五a（早秋・甘秋・陽豊など）と、ハウス甘柿約一〇a（一五五ポット）を栽培しています。この経営体ではカキ以外にリンゴやモモも栽培しており、七月上旬から十二月まで途切れることなく果実の販売が可能です。

販売は庭先や地方発送、地元の農産物直売所を主体とするほか、地元洋菓子店のスイーツの材料としても活用されており、消費者や実需者から高い評価を得ています。

甘柿ポット栽培のポイント

▼栽培の準備

容量六〇ℓのポットを準備します。用土は細かく砕いた水田などの土と堆肥を一対一の割合にし、その他、表1の肥料（定植一年目の元肥）も混ぜ合わせます。

樹高は約二・五mとなるので、ハウスの出入り口の高さはこれ以上が必要となります。また、ハウスは「被覆資材にUVカットフィルムを使用していない」「換気装置（天窓、換気扇など）を備えている」「十二月中旬までハウスを被覆するので、耐雪型のハウスや融雪装置を備える」などが条件です。

ハウス内でのポットの配置は、一・五m間隔を目安とし、幅三間

県内の農事組合法人で売り出しているポット栽培のカキ。露地のカキと違って外観に優れ甘いので、消費者の評価も高い

「太秋」のサクッとした食感を生かしたスイーツが地元洋菓子店での人気メニュー

表1　甘柿ポット栽培の施肥管理（目安）

		肥料（N-P-K）	1ポットの施用量	施用成分量（g/ポット） N	P	K	施用時期
定植1年目（幼木期）	元肥	速効性肥料（8-7-7）	175g	14	12.3	12.3	定植時に用土と混和
		熔リン（0-20-0）	30g		6		
		苦土石灰	100g				
	追肥	速効性肥料（15-10-13）	25g	3.8	2.5	3.3	4～8月。月1回
定植2年目（幼木期）	元肥	牛糞堆肥	2ℓ				3月
		緩効性肥料（8-7-7）	175g	14	12.3	12.3	
		苦土石灰	50g				
	追肥	速効性肥料（15-10-13）	50g	7.5	5	6.5	4～8月。月1回
定植3年目以降（結実期）	元肥	牛糞堆肥	2ℓ				3月
		緩効性肥料（8-7-7）	200g	16	14	14	
		苦土石灰	50g				
	追肥	速効性肥料（15-10-13）	50g	7.5	5	6.5	4～8月。月1回

苦土石灰は土壌pHにより加減する。適正pHは5.5～6.8

（五・四m）、長さ一〇間（一八m）のハウス（約一a）では二四ポットが基準となります。

ポット栽培は用土が乾燥しやすく、生育期間中は露地、ハウス内を問わず、ほぼ毎日かん水が必要なので、自動かん水装置があると水管理がラクになります。

▼病害虫の防除

ハウス搬入までは地域の慣行と同様の防除が必要となります。ハウス搬入後は病気の発生は少ないですが、カイガラムシ類やケムシ類などの害虫が発生しやすくなるので、発生に応じて防除します。

ハウスに入れる前の樹勢診断

図1　新梢の長さを測定

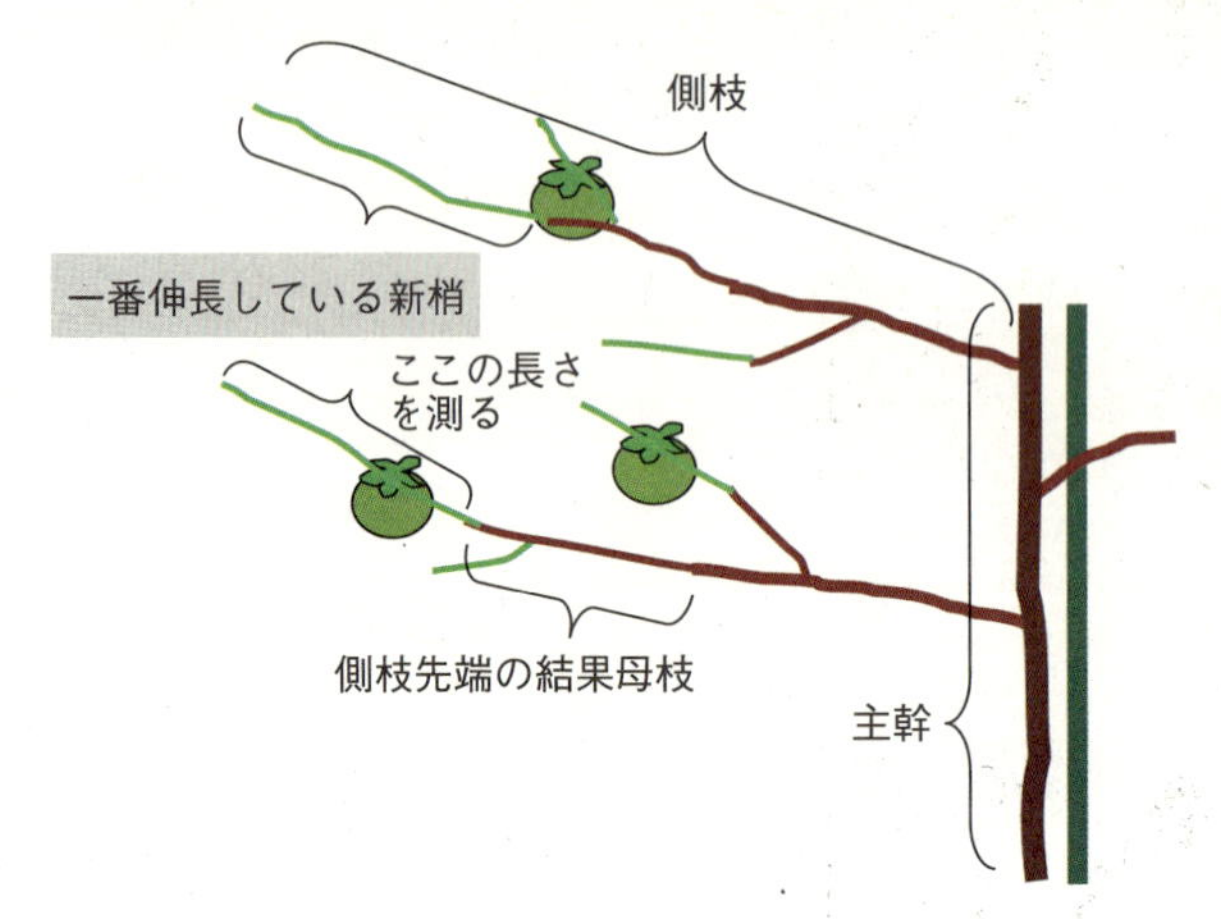

側枝先端の結果母枝から伸びている新梢の中で一番長いものを測定。全部の結果枝についてこれを行ない、平均値を出す。太秋は30～35cm、富有は30～40cmが適正

図2　葉色を測定

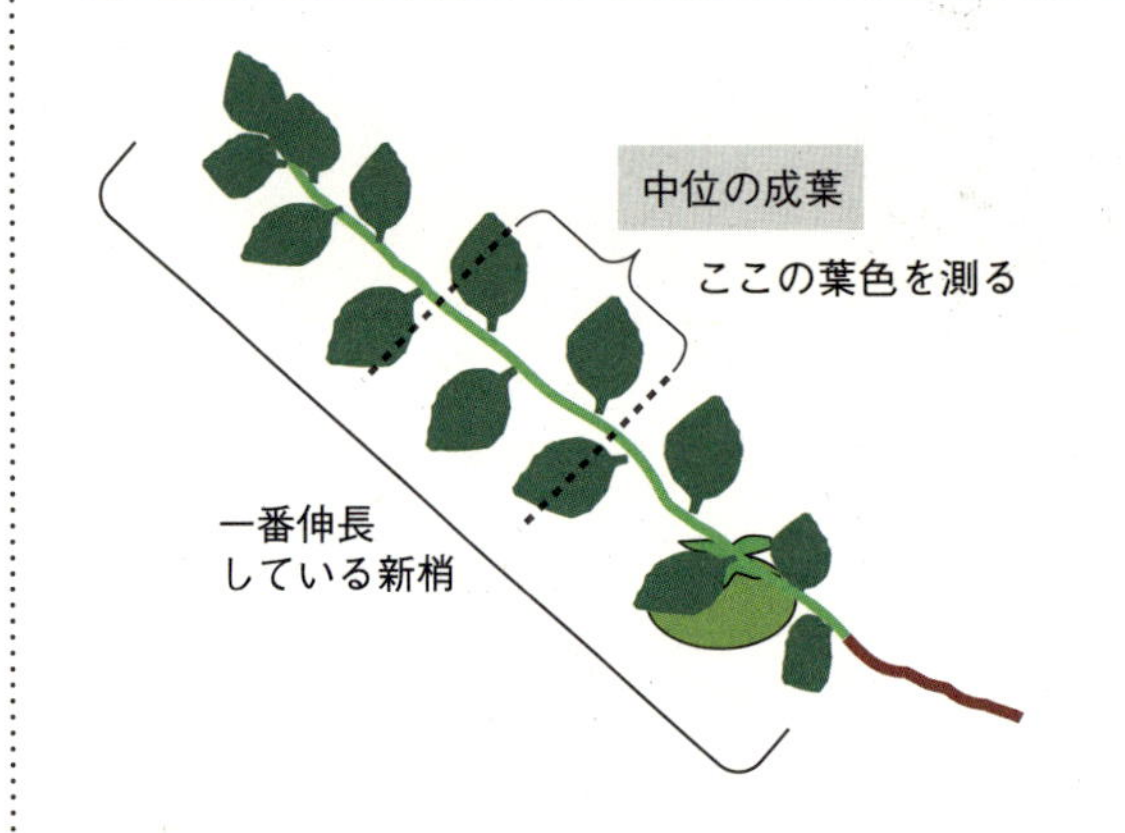

長さを測定した新梢の中間の位置にある成葉を測定（葉緑素計SPADで中心葉脈をはさんで、両側2カ所を測定）し、平均値を出す。太秋、富有ともにSPAD値約60が適正

表2　収穫目標日とハウス搬入時期

品種名	収穫目標日（収穫盛期）	ハウス搬入時期 満開後日数（日）	平年値（参考）	
			満開日	ハウス搬入時期
太秋	12月1～5日	84～89日後	6月2日	8月25～30日
富有	12月10～15日	91～96日後	6月5日	9月3～9日

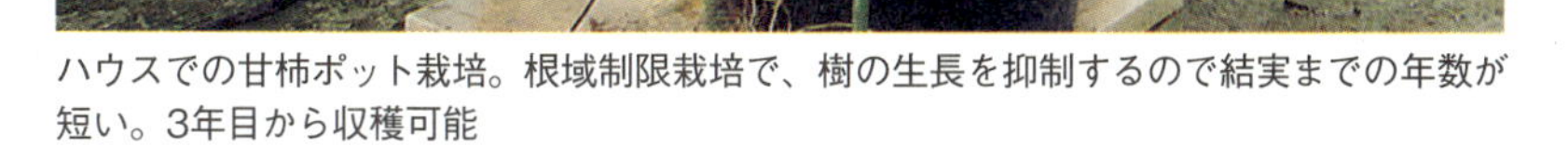
ハウスでの甘柿ポット栽培。根域制限栽培で、樹の生長を抑制するので結実までの年数が短い。3年目から収穫可能

▼樹勢の維持

安定した成熟抑制効果と、高品質果実を生産するためには適正な樹勢を維持することが重要となります。樹勢が弱すぎる場合は、成熟抑制効果が低くなり、果実が小さくなります。また、「太秋」では雄花や両性花が増加し、雌花が減少します。逆に、樹勢が強すぎる場合は、果重は大きくなるが着色が悪く、ヘタすきが多くなり果実品質は低下します。

樹勢の良否は、ハウス搬入前の八月中下旬に平均新梢長と葉色（SPAD値）で判断します（図1、2）。SPAD値が極端に低いと、見た目でもわかるほど葉色は淡い状態になっています。

樹勢に強弱があるようであれば、施肥量や着果量（葉果比二〇を基準とする）、せん定程度の強弱を加減し、適正な樹勢へ誘導します。

なお、ハウス搬入後のチッソ肥料は、着色不良や糖度低下、ヘタすきなどの発生につながるので施用は控えます。

▼ハウスへの搬入時期

カキは秋期の気温が高いと着色が遅れ、成熟も遅れます。この特性を利用して、成熟期前にハウスへ搬入することにより成熟を抑制させます。搬入時期は「太秋」「富有」とも満開後日数によって決めることができます（表2）。

ハウス搬入を適期より早くすると、成熟抑制効果が高く、果実の肥大もよくなりますが、着色が悪くなり、糖度が低下します。逆に適期より遅く搬入すると、抑制効果は低くなるとともに、肥大が悪くなり、糖度が低下します。

▼ハウス内の温度管理

ハウスへの搬入は、八月下旬～九月上旬であり、この頃はまだ外気温も高いため、ハウス内の温度も上昇します。四〇度以上の高温は日焼け果や葉焼け発生の原因となり、品質低下を招きます。ハウス搬入後、日中の気温が高いときは天窓やサイドビニールの開閉によって最高気温が三五度以下となるように調節し、それ以外は常に閉めきってハウス内の保温に努めます。

当センターで試験を行なった際には、無加温のハウス内で気温は外気温に比べて約二～三度高い状態を保っていました。

なお、もっと具体的な栽培マニュアルについては、富山県農林水産総合技術センター園芸研究所のホームページ上（http://www.pref.toyama.jp/branches/1661/ennken/mokuji.htm）で公開しているので、こちらを参考にしてください。

現代農業二〇一一年十一月号
年末商戦に有利！　十二月収穫の甘柿ポット栽培

里山の資源を有効活用

作ってみよう竹ハウス

下中雅仁（鳥取県日野総合事務所農林局）

林野庁の調査によると国内の竹林面積は約一六万haで、そのうち未活用の竹林は約七〇%とされています。鳥取県においても、中山間地域を中心に、ここ一〇年で約六〇〇haもの竹林面積が増加しています。近年は、竹を使うことが少なくなり、竹やぶも荒れ放題、はびこり放題と、深刻な問題です。

そのようななか、里山の竹を有効利用しようと地元農家、役場職員、そして農林局職員で竹ハウスを作ってみようという企画が持ち上がりました。

昭和四十～五十年代は、竹ハウスや竹トンネルをよく見かけたものです。しかし、現在では「絶滅危惧技術」となっていますので、地元農家のご指導により、ようやく完成した竹ハウスが右の写真です。つくり方（作業工程）は図・写真を参照ください。

竹ハウス作りはパイプハウスに比べると、決して作業効率がよいとは言えません（四～五人が半日作業して、四～五日で完成）。また、支柱と竹をつなぐ金具があるわけでもありませんし、ビニールを固定するパッカーも使えません。

なかなか設計図どおりには完成しない竹ハウスづくりですが、最先端のエコ農業に取り組む充実した時間と過去を振り返る機会を与えてくれました。まだ改良の余地もありますが、資材高騰のこの時代、困りモノ扱いされている地域資源を活用しない手はありません。みなさんもぜひ、地域の仲間とつくってみてはいかがでしょう。

手作りの竹ハウスでトマトを栽培中

骨組みの見取り図

竹
間伐材（杉）
3.5m
1.5m
80cm
8m
4m

※図にはないが、天井部分に竹を斜めに渡してアーチを補強する

現代農業二〇一二年十一月号
つくってみよう竹ハウス

つくり方

工程❶ 竹の調製

切り出した竹（孟宗竹でも真竹でも可）をナタとカナヅチを使って縦に4等分し、1本が9mの長さになるように針金でつなぎ合わせる

工程❷ 支柱の作製

支柱は杉の間伐材を使用。長さ約2.5m、直径10cmくらいの間伐材が適当。ナタを使って先を尖らせる

工程❸ 支柱立て

地面に支柱を立てる穴を掘り、支柱をハンマーで打ち込む。打ち込んだらチェーンソーで高さを1.5mに揃える

工程❹ 竹と支柱の固定

支柱の上に竹を載せ10番線で留める。割いた竹も支柱部分に留め、上部を曲げて天井部分のアーチをつくる

工程❺ ハウスの補強

天井部分に割いた竹を斜めに渡してアーチを補強。ハウスの高さは支柱1.5mとアーチ部分2mをあわせて約3.5m

工程❻ ビニール掛け

使用済みのビニールを再利用して被せ、ハウスバンドで留めれば完成！ 妻面は支柱（間伐材）にビニペットを1本取り付け、ビニールを固定するように工夫した

折りたたみできる

移動式ハウス

熊本県八代市　入江健二

レタス六haとスイートコーン一・五haを栽培しています。収穫時期には一日一五〇〜二〇〇ケース出荷するレタスは契約栽培で、雨でも出荷しなければならない日があります。

そこで雨天時の収穫作業用に、車輪が付いていて移動式のビニールハウスを作りました。二台作って前車は収穫用、後車は箱詰め用として使います。また、搬出用にクローラー運搬車にも屋根を付けました。

これで、雨の日でも段ボールがへたらず重宝しています。折りたたみ式で場所もとりません。簡単に組み立てられ、二人なら片手で動く軽さで使い勝手がいいのですが、強風で勝手に動いてしまうこともあります。

設計したものを鉄工所で作ってもらい、一台七万円でした。雨の日に出荷するのを見て、友人も同じものを作って使っています。

現代農業二〇一二年十一月号
折りたたみできる移動式ハウス

1m
5m
40cm
5m

縦5m横5mでウネを3本またぐ。高さは1.8m、重さは全体で80kg。
組み立てからビニールを張り終わるまで2人なら10分

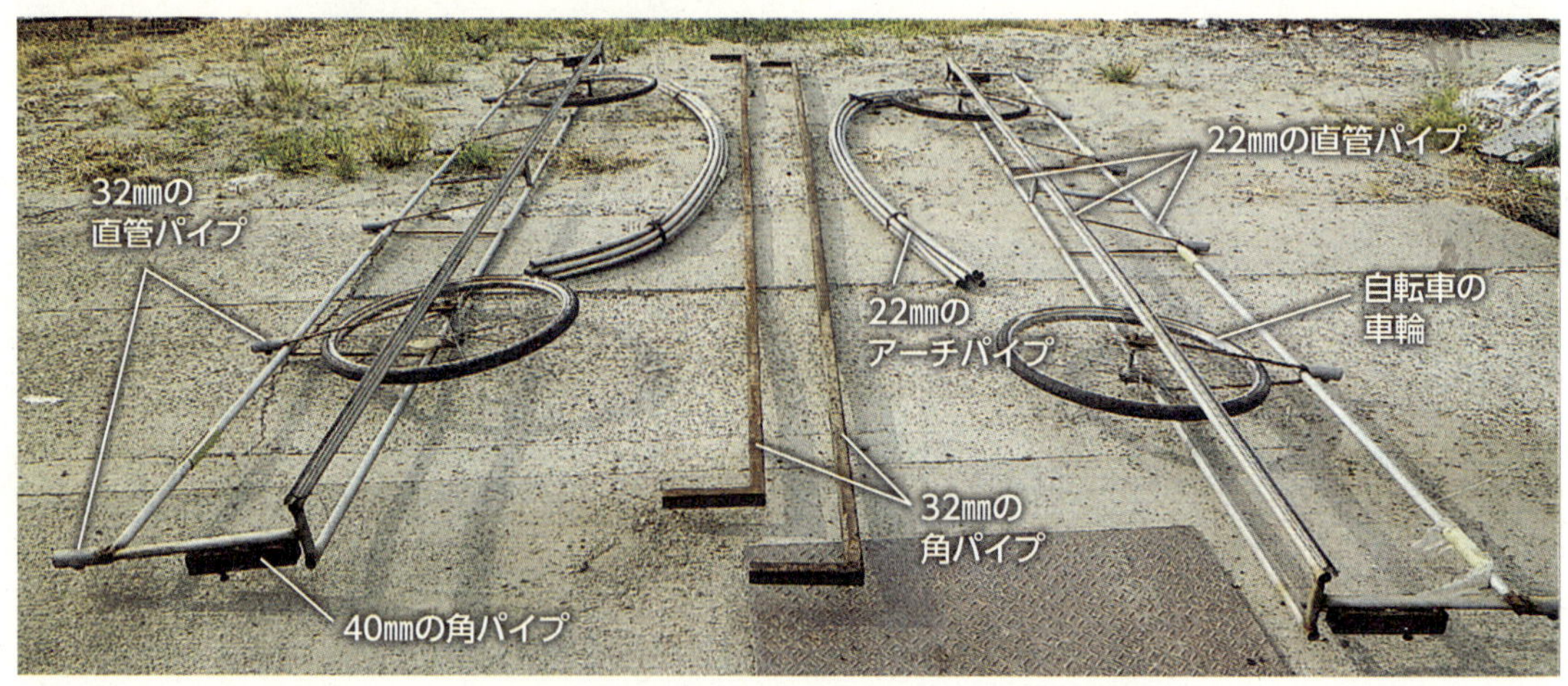

折りたたんだ状態。屋根のアーチパイプは間口5mのハウス用。車輪は自転車の廃材

金をかけずに知恵を出して完成

強靭雨除けハウス

愛媛県宇和島市　赤松保孝さん（編集部）

▼パイプの本数が少ないのに強靭

イチゴの炭そ病対策には雨除けハウスが有効だが、強風に耐えられるハウスを建てるには相当な費用がかかる。そこで「金をかけずに知恵を出す」がモットーの赤松保孝さんは、最低の資材で実用性のあるハウスができないものかと試行錯誤した。その結果、すばらしいハウスが完成したという。

ハウスの骨組みとなるアーチパイプの本数を通常より減らして材料費は通常の四割以上も安いのに「強度はこのほうが強い」という優れモノ。

▼ハウスの内側から支柱で支える

ハウスは幅四mで奥行き四〇m。強度のことを考えると、この規模だと通常、五〇cm間隔でアーチパイプを入れていく必要があるのだが、赤松さんは一m間隔にして本数を減らした。その代わり、アーチパイプ四本ごとに内側から支える支柱を入れた。すると、「今まで考えられなかった強靭さが実現した」。

左上の写真のように、支柱となるパイプは上から一〇cmほどの部分を三〇度に曲げ、上の部分をハウスのアーチパイプにあてがってくさび止めでとめる。地面にはほかのパイプと同じように挿す。

「防風ネットの支柱をヒントに試してみたらよかったんです」

▼天井に梁と束を入れる

もうひとつ、天井部分も補強した。左下の写真のように、やはりアーチパイプ四本ごとに梁と束を付け、屋根が歪まないように強化。これである程度の強風でもビクともしない。

赤松さんがこのハウスの作り方を公開したところ、地元ではかなり広まっている。地元JAのアスパラ部会では部会で推進するほどになっている。

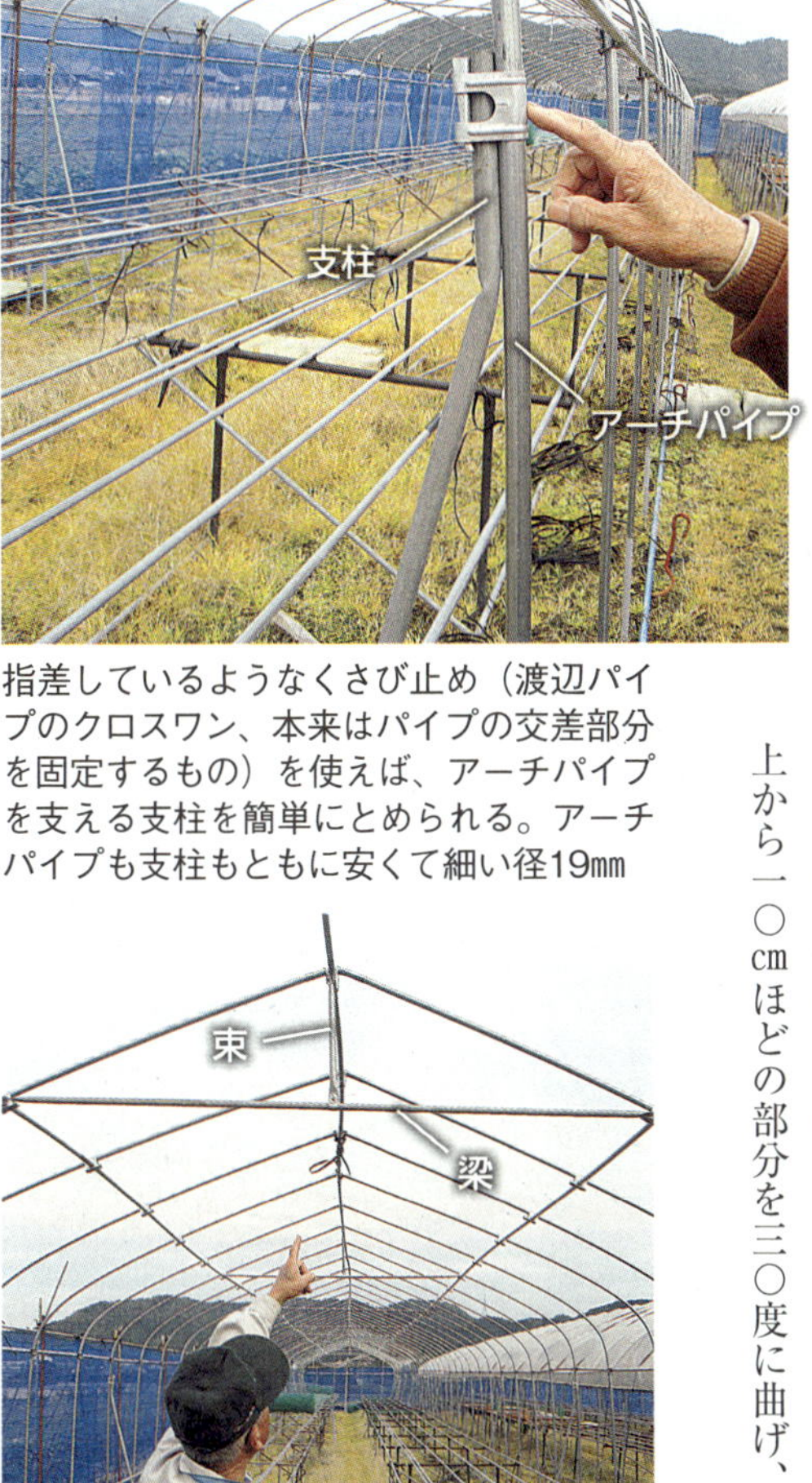

指差しているようなくさび止め（渡辺パイプのクロスワン、本来はパイプの交差部分を固定するもの）を使えば、アーチパイプを支える支柱を簡単にとめられる。アーチパイプも支柱もともに安くて細い径19mm

強靭で安価な雨除けハウス（イチゴの育苗ハウス。写真は屋根のビニールを外している状態）。赤松さんが指差しているのが天井部分を強化するために付けた梁と束

現代農業二〇一二年十一月号
強くて安い雨除けハウス

大人気やわらかセロリの秘密は

手作りミニハウス

秋田県仙北市　草薙洋子さん（編集部）

直売所名人・草薙洋子さんがつくる晩秋の人気商品が、「青くてもやわらかい」と評判のセロリだ。「地もののセロリは硬い」という定説を完全に覆した。

つくり方を聞かれると「魔法かけてるの」と答える洋子さんがこっそり教えてくれた秘密が、この自作ミニハウス。夏の間は遮光ネット、寒くなってきたらサッと有孔ポリに切り替えることで、適温と日照を両立するそうだ。

もとはダンポール（グラスファイバー性の弾性ポール）のみでつくったトンネルだった。しかしグラつきがあり、高さもセロリには低い点に不満があった。そこで、まず木の杭を立て、そこにダンポールを固定するミニハウス方式に変更。強度も高さも十分、おまけに中に入って作業もできるので、仕事の能率もアップした。

レタスの遮光栽培、トウモロコシの早出しなんかにも使えるかな…と構想を練る洋子さんであった。

1.2m
1.2m

草薙洋子さんと自作のミニハウス。約３m間隔で約１mの木の杭を半分ほど地面に打ち込み、育苗床用のダンポール（3.5m）をトンネル状に曲げてマイカー線で固定

筋交い

天井部分にはキュウリネットの上に遮光ネットを張り、ところどころマイカー線でダンポールに留める。ウネの端には斜めに筋交い（19㎜パイプ）を入れ、ネットを引っ張ってもダンポールが倒れないようにした

現代農業二〇一二年十一月号
大人気セロリの秘密は
自作ミニハウス

Part2
これで強風・大雪も怖くない

爆弾低気圧でひしゃげたハウス（46p）

強い風が吹いてもびくともしないつっぱり棒（56p）

気軽にできる風対策　四つのポイント

福島県郡山市　鈴木光一

梁と束を入れる

取り付けた補強アーチパイプに梁と束を付けるとさらに強度が増す（写真矢印。見えているのは梁のみ）。42.7㎜のパイプだと間口３間ハウスで１セット約7,500円。お金をかけたくない場合は、梁部にパイプの代わりに番線を張るだけでもいい。ハウスが歪みにくくなる

爆弾低気圧による強風でひしゃげたハウス（秋田県大潟村、2012年4月21日撮影）

野菜や米をつくる傍ら、種苗や資材を扱う店を営んでいます。ハウスのオーダーも承っています。当地域では風も強く雪も降るので、必ずハウスの補強をおすすめしています。

ハウスの被害の八〜九割は風によるもの、一割が積雪によるものといわれています。ですから風対策をいかにするかが補強のポイントです。今回紹介する四つは、既存のハウスに比較的気軽にできる方法です。これさえやればハウスの強度は相当高まります。

わが家でも以前は少し強い風が吹くと夜も気になって眠れませんでしたが、補強してからは日々安心して過ごせるようになりました。今年（二〇一二年）の春の大風などもまったく問題ありませんでした。

現代農業二〇一二年十一月号
気軽にできる風対策　四つのポイント

ハウスの内側に補強アーチパイプを入れる

補強アーチパイプを1間ごとに入れる（写真矢印）だけで、よほどの風が吹いてもやられなくなる。既存のアーチパイプに留め具（コンクラなど）で固定する。間口3間ハウスで1セット約7,000円。奥行き30mのハウスだと6セットくらい必要だが、ピッチはもう少し広くてもいい（渡辺パイプのUKコンクラハウス）

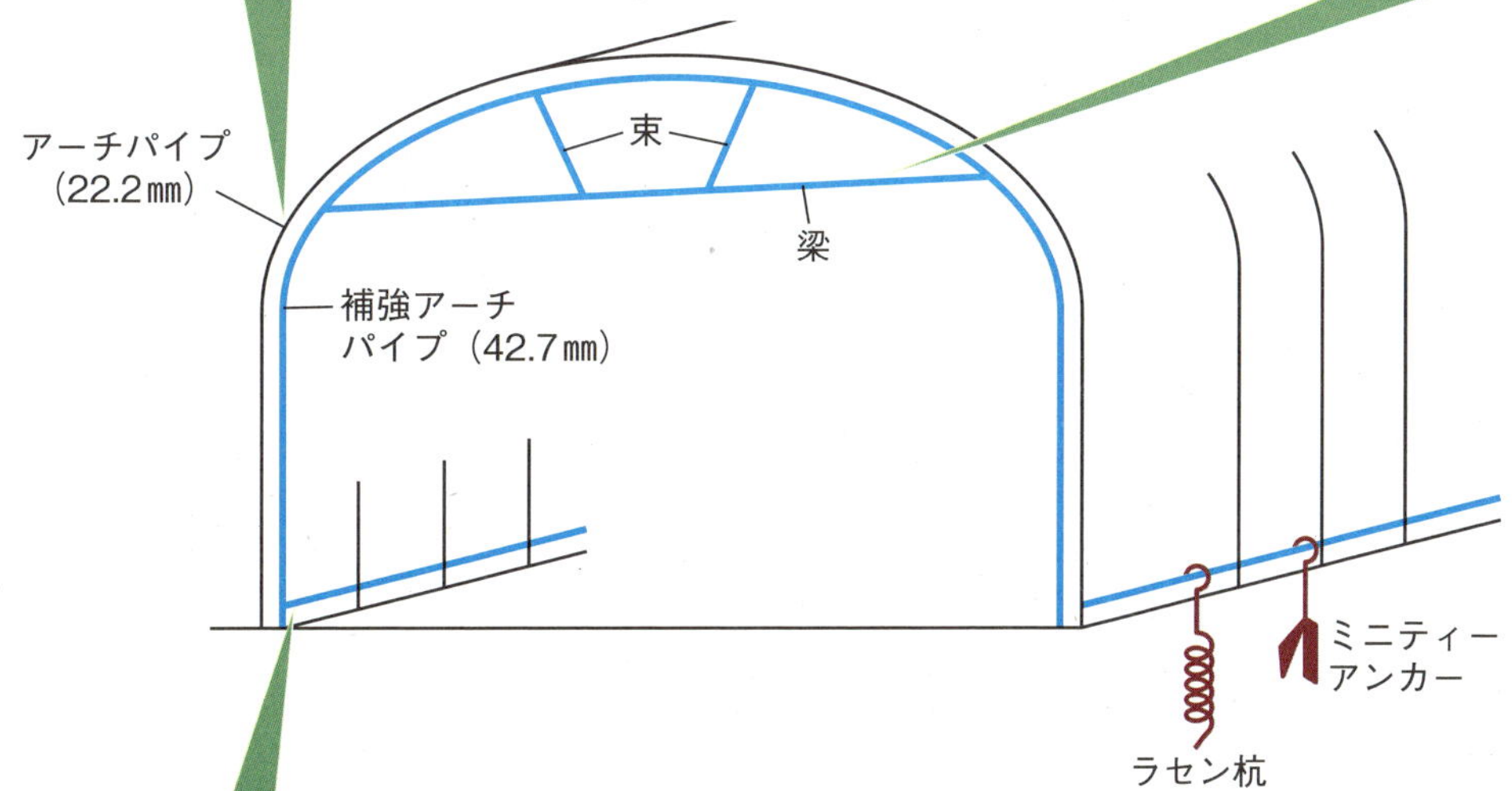

両サイドの地際に直管パイプを入れる

雪の重みによるハウスの沈下や風による浮き上がりを防止できる。直管パイプを両サイドの地際に横に入れ、既存のアーチパイプに留め具で固定。直管パイプは通常の22㎜くらいでもいい。これだと長さが3間で約800円。とても安いのでぜひ入れたい

地際に入れた直管パイプをラセン杭などで固定する

ハウスの浮き上がり防止効果がさらに増す。ラセン杭は1つ300円くらい、ミニティーアンカーは1つ2,200円くらい

防虫ネット＋防風ネット

二重ネットハウスで強風をやわらげる

沖縄県豊見城市　金城　寿

サラリーマンを辞め、父親の手伝いで農業をするようになって一四年目になります。現在は大玉トマトとマンゴーをハウスで栽培しています。

二重ネットを始めたきっかけは今から五年前、ちょうどマンゴーの実が肥大したときに台風でビニールが剥がされ、収穫間近の実が何十個も落果したことです。非常にショックでした。

そこでハウス施工業の友人に聞いたのが、強い台風がくる宮古島で流行っているという二重ネットでした。

宮古島では、頑丈な鉄骨ハウスでもビニールを張った状態ではハウス自体が潰されてしまう可能性があるため、台風のときは屋根のビニールを巻き上げるとのこと。ハウス全体（天井、サイド、妻面）は防虫ネットで覆われた状態で、作物吊りの上には二㎜目合いの防風ネットを張っておき、マンゴーに直接強い風が当たるのを防ぎ、落果を最小限に抑えているということでした。

翌年、防風ネットを注文し、遮光も兼ねて五月下旬に張ったところ、六月に台風がやってきました。すると、ビニールは剥がされたものの、その下に張った防虫ネットとハウス内に張った防風ネット（二重ネット）のおかげで、マンゴーの実は落果せずに無事でした。

筆者（54歳）

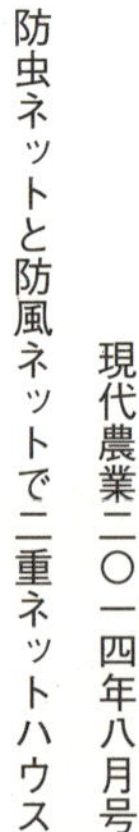

現代農業二〇一四年八月号
防虫ネットと防風ネットで二重ネットハウス

ハウス内に防風ネットを張ったところ。マンゴーの日焼け防止にも一役

防虫ネットと防風ネットの二重ネットハウス

天井は防虫ネットの上にビニール被覆
防虫ネット
防風ネット
防虫ネット

ハウスの外側全面には1㎜目合いの防虫ネットを張ってある。台風が来たらハウス内に防風ネットを張る

1㎜目合いの防虫ネット
ハウスの両側から
ネットを引っ張る

防風ネットを張ったところ。天井に張った防虫ネットと、二重ネットの完成

畳んだ防風ネット
防風ネット
作物吊り

防風ネットを張る前

実に簡単!!
針金で突っ張るだけ

栃木県那須塩原市　竹内昇蔵さん（編集部）

竹内昇蔵さん。ハウスの補強には、アーチパイプ5本ごとに針金を張るだけ。台風や大雪にも一度も負けていない

「シュンギク仲間には、なんで早く教えてくれないんだって言われたよ」

竹内昇蔵さん（七九歳）が手をかけているのは、太さ二㎜程度の針金。

「ハウスは肩の部分が曲がりやすくて、風でも雪でも、ここがまずやられっちまって、ドーンと潰れっちまうんだ」

竹内さんも台風でハウスを潰された苦い経験がある。それ以来、台風や大雪が近づくとハウスの両サイドの肩を針金で結び、ターンバックルで締めつける。針金はアーチパイプ五本に一本。

「たったこれだけだけど、おかげであれ以来、一度もハウス潰してないよ」

今年二月の大雪で、周りでは多くのハウスが潰れてしまったが、竹内さんのハウスはやっぱり無事だった。

針金は普段は外しておくので作業のジャマにはならない。また、針金には目印が付けてあって、頭をひっかけることがないようにしている。

現代農業二〇一四年八月号
針金で突っ張るだけ

中嶋睦男さんとカスミソウのハウス。台風にはロープ（矢印）を張るだけのシンプル対策。アーチパイプ（22ロ径）は厚さ1.6mm（テンロク）の肉厚パイプを使う

ロープだけでビクともしなくなる

岡山県浅口市　中嶋睦男さん（編集部）

「ロープを張ってハウスを固定すれば、台風でもビクともしないよ」

というのは、中嶋睦男さん（六九歳）。六棟（約六〇〇坪）のパイプハウスでカスミソウとトルコギキョウをつくるベテラン農家だ。

中嶋さんのハウスの強化対策はロープをハウス際に打ち込んだラセン杭に固定するだけというシンプルなもの。

「簡単だけど効く。大人が五人ハウスに乗って揺らしてもビクともしなかったほど。ロープを張っておけば、台風も雪も怖くない」と言い切る中嶋さん。そのやり方が左ページ上の図だ。

中嶋さんによると、風速二〇〜三〇mの風が吹くとハウスの天井部は左右に一m近くも押されて動く（左ページ下の図）。大抵のハウスはその揺れには耐えるのだが、怖いのは第二波だ。風に押された天井部が元に戻る前に連続して次の強風が吹くと、パイプは耐えきれずにめげてしまう（曲がったまま戻らな

中嶋さんのハウス

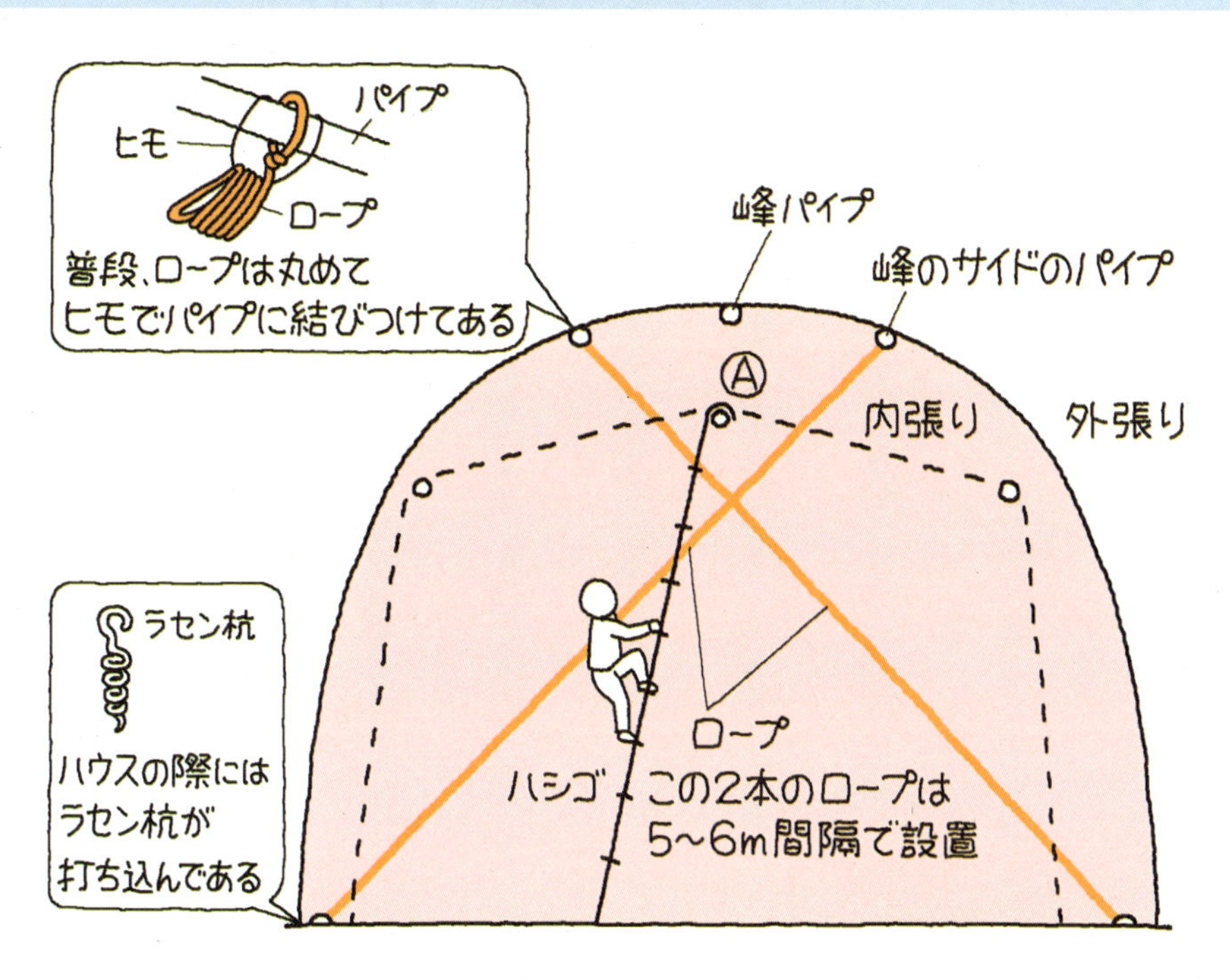

台風が来たら
❶ハウス（外張り）を密閉
❷内張りを両側からⒶのパイプまで巻き上げる
❸Ⓐにハシゴをかけて天井のロープを下ろす
❹ロープの端をそれぞれハウスの反対側に引っ張ってハウス際のラセン杭に固定（2本のロープが交差する）

ロープの効果

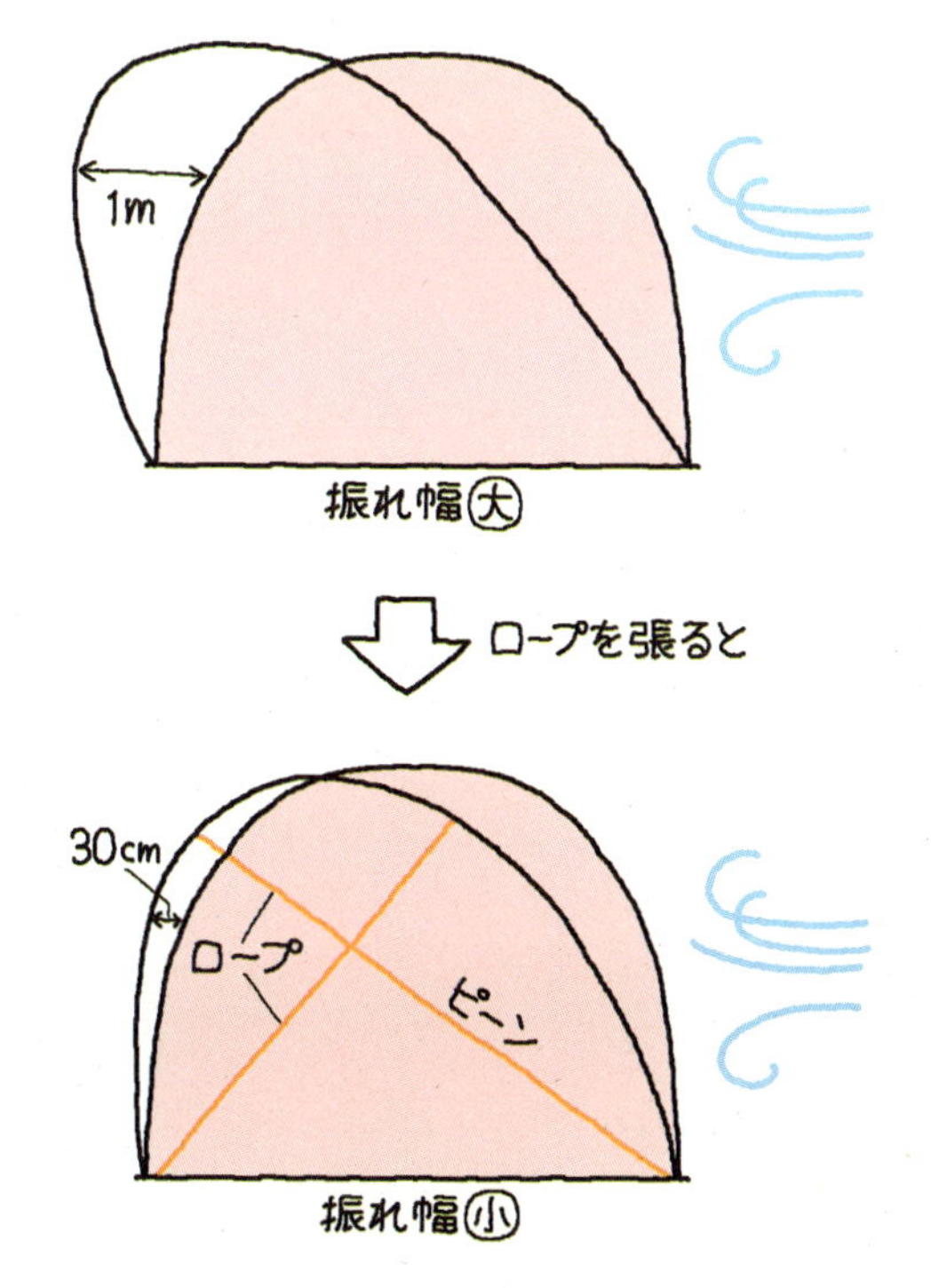

くなる）。

ロープで固定すれば、天井部は三〇cmほどしか押されない。これならすぐに元に戻って、第二波にも耐えられるという仕組みなのだ。

平成三年の台風十九号で当時三棟あったトルコギキョウのハウスのうち、二棟を潰してしまった経験がある中嶋さん。「今の花の単価じゃ潰れたハウスを建て直す経費は出ないよ。ロープを張るのは誰にでもできるし、絶対におすすめ」という。

現代農業二〇一二年十一月号
ロープだけでビクともしなくなる

台風にも大雪にも強い

二重パイプハウスを自作

北海道長沼町　堂本敏一

補強パイプも取り付けた

アーチパイプを１本おきに二重構造にした「二重パイプハウス」

米、麦、大豆のほかに、トマトやキュウリ、ナスなど数十種類の野菜をつくり、直売所に出荷しています。

寒い北海道ですから、野菜づくりにはやはりハウスが欲しい。ただし、風や大雪に耐えられないといけません。わが長沼町は特に強い風が吹くところで、ハウスに被害が出ることもあるのです。

そこで、北海道の大型越冬仕様ハウスを真似て、より強度を増して建てたのが自作の二重パイプハウスです。二重パイプのハウスなら、台風でも大雪が降っても安心です。

材料は運よく知人から譲り受けることができた、育苗用ハウス（規格は特三〇）のパイプ（二五㎜径）です。廃材を利用したので金具等の購入だけですみ、約四〇ｍの大型ハウスが約三〇万円で建ちました。

廃材を使うため、アーチパイプを一本おきに二重構造にして強度を増しました。また、パイプにはペンキを塗り、長さが足りない部分はパイプをつなぎ、天井（峰）の部分は長さの違うロングジョイントでつないだりしました。

自作の二重パイプハウスは、大風でほかのハウスが被害を受けたときでも無事。四年目の今も、建てた当時の姿で活躍してくれています。

内側と外側のパイプは金具で計８カ所固定する（ハウス片側）

現代農業二〇一四年八月号
台風にも大雪にも強い　二重パイプハウス

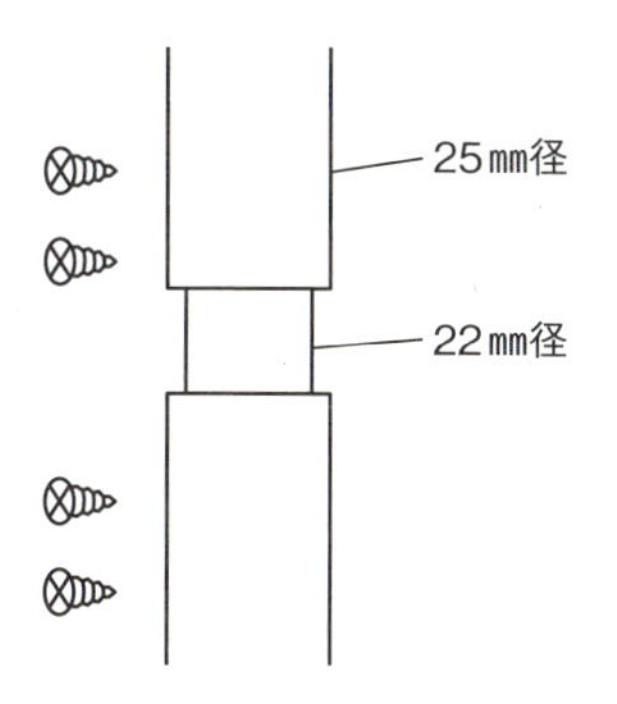

長さが足りない部分は細いパイプを中に入れて、パイプをつなぐ

同じ長さのパイプを上下で二重にするため、峰の部分は長さの違うロングジョイントを特注してつないだ

海苔網をかければ薄い農POが５年もつ

山口県防府市　荒瀬 就さん

（編集部）

海苔網をかぶせた荒瀬さんの家のハウス

強風のときに天井フィルムが伸び縮みするのを海苔網で防ぐ。通常２年で張り替える農PO（厚み0.075㎜）が５年もつ。海苔網は幅2m、長さ50mほどの廃品が１枚1,700円。これを半分に切って結んで繋げ、4m×25mの大きな網にしてハウスを上から覆う。網はバンドで押さえ、網の端をパッカーやビニペットで固定している。

現代農業2012年11月号　海苔網をかければ薄い農ＰＯが5年もつ

網を押さえるバンド（廃品のかん水チューブ）を見せる荒瀬さん

爆弾低気圧でも無傷！

ダブルアーチ方式のハウス

（編集部）

香川県では平成十六年の台風で四割のハウスが被災したことから、普及センターを中心にハウスの構造強化を図る「ダブルアーチ方式」が開発された。写真のように強度の弱いアーチ部分を二本にしたものだ。現場ではコストを抑えるために、既存のハウスのアーチパイプを中抜きして、外アーチに再利用するなどの工夫もされている。

今年（二〇一二年）四月、爆弾低気圧で風速三〇m／Sを超えた大風が吹き荒れて全壊したハウスがあるなか、ダブルアーチ方式にしたハウスはどれも無傷だった。

※詳しくは近畿中国四国農業研究センターまで（TEL〇八七七―六三―八一一六）

現代農業二〇一二年十一月号
爆弾低気圧でも無傷だった「ダブルアーチ方式」

ダブルアーチ方式にしたハウスの屋根部分

既存のアーチパイプの上にトラスインパクト（A）やダブルインパクト（B）を使って、もう1本アーチパイプを取り付ける

ミニトマトの育苗ハウス。天井部分には三角形がたくさんできるように支柱を組んである。大型台風が直撃する夏に育苗するので、育苗中はビニールを剥がせない。ハウスを補強して乗り切っている

三角形いっぱいのトラス構造が一番強い、一番早くできる

熊本県宇城市　高木理有さん（編集部）

肩の部分に横に組んであった1本のパイプ（上の写真の(A)）を斜めに下げると、さらに強くなる

台風でハウスが潰されんようにするには、ハウスの天井や肩の部分に三角形をいかに作るか。これはトラス構造といって、一番強いし一番早くできますもんね。なるべく三角形を作るように支柱を組めば風速三〇mくらいの台風が直撃しても潰されんようになります。（談）

現代農業二〇一二年十一月号
三角形いっぱいのトラス構造は相当強い

ハウス内側から突き立てろ！

千手観音式つっぱり棒

高知県黒潮町　伊与木英雄

筆者。38aのハウスでニラを栽培。台風に弱い11aのパイプハウスはつっぱり棒で補強。名付けて「千手観音式」

千手観音みたいなつっぱり棒

台風が近づきハウスの屋根が波打ちだすと不安で胸の鼓動も波打ち始めます。

四年前、私も一反のハウスの三分の一を台風で壊してしまいました。それまで台風には無防備で強い台風が来るたび、しかたなく外張り（ポリ）を剥がしてやり過ごしていましたが、地面に這いつくばったハウスを見たとき、私も地べたにしゃがみ込むような気持ちになったことを覚えています。

しかし、ハウスは飯の種。早く元の姿に戻して今までより強いハウスにと思い、さまざまな補強をしてきたなかで、いま私が一番よいと思う対策を紹介します。つっぱり棒をハウス内側から突き立てる方法です（千手観音式と命名）。

一一aのハウスなら二時間足らず

つっぱり棒に使うのは鉄パイプ。台風は時間との戦いですので、取り付けは素早くラクにできるように工夫しました。曲げた釘をパイプにあけた穴に挿し込むだけで、ボルトも必要ない。文字通り釘をさされたパイプは身動きがとれず、ハウスの上下振動にもズレない、はずれない（構造は次ページの写真参照）。

台風が来る前、上の写真のように天井と肩のあたりに、それぞれ四mくらいおきにパイプをつっぱるように立てていきます。一一aのハウスで合わせて一六〇本ほど。作業は二人で行なったほうが早く、作物も傷めない。一人が手渡し、一人がセット。これだと二時間もかかりません。風がおさまったら逆の手順で外し、パイプは次の使用が容易なように近くに転がしておきます。

このつっぱりは、外圧には強いが内圧には弱い。だから、ハウスの中には風を入れないように外張りの穴、裂け目が広がらないよう

補強パイプのはめ方

上 ハウス上部のパイプが交差する部分

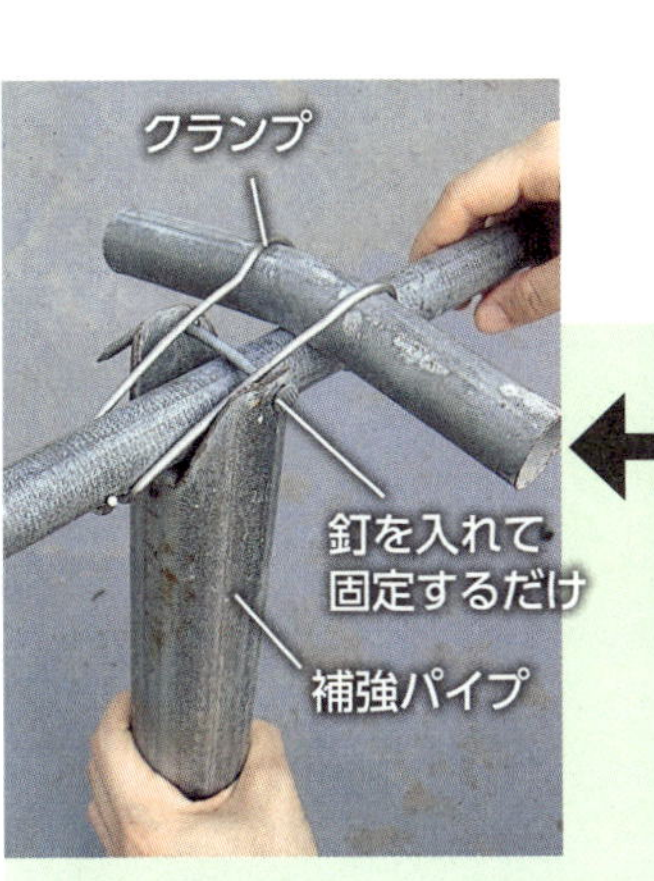

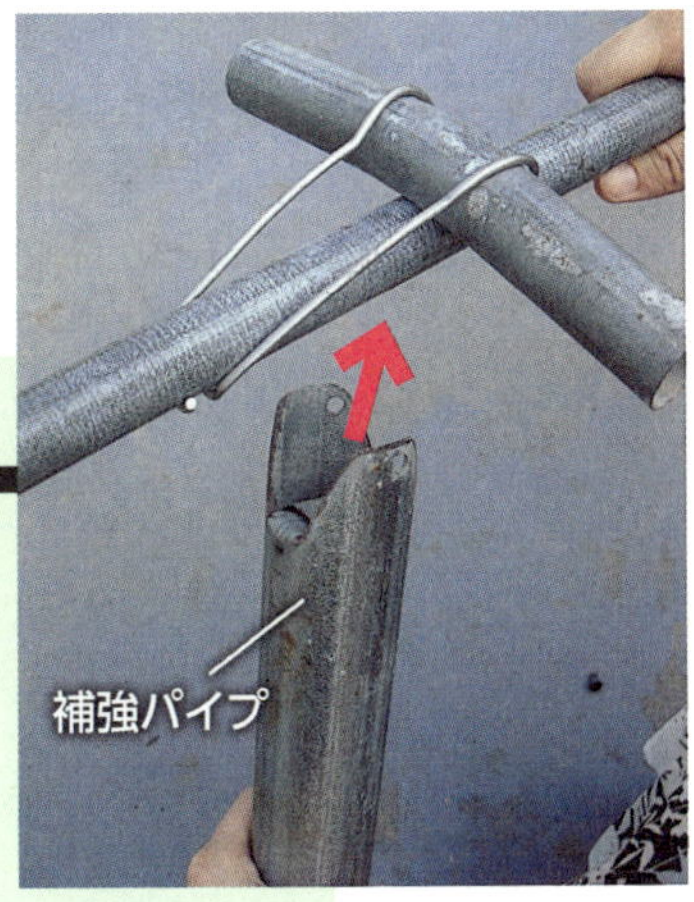

補強パイプをクランプの中にはまるように押し込んで釘を入れる。はめ込んだ後、補強パイプが少し動くくらいの隙間があるようにしておくと振動に強い。釘は曲げておくと外れない

下

足元はパイプに木材をはめ込んで土に刺して固定。パイプが短ければ木材を長くして調整。天井を少し押し上げるようにはめ込む

補強パイプのつくり方

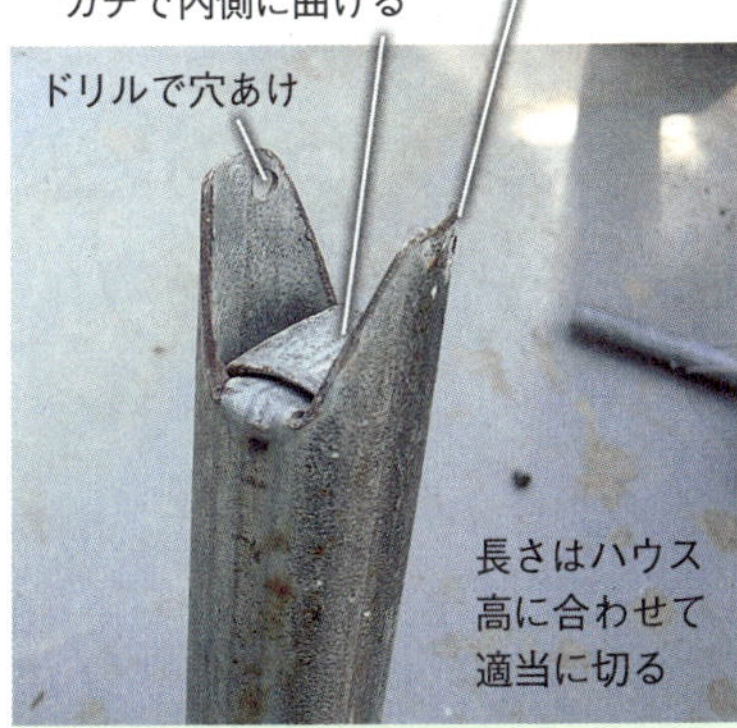

パイプはホームセンターで売っている直径約50㎜の鋼管。私の場合は2mと3mを11aのハウスで合わせて160本。価格は14万円ほど（3年前の価格）

に補修しておきます。

かなり頑丈に変身

強さは外張りの種類によっても違いますが、ビニールよりポリが強く裂け口も広がりにくい。私のハウスは二二㎜パイプの土中差し込み式で間口五・四m。

台風銀座の高知でも、このつっぱりをつくってからは、強い風が吹いてもびくともしなくなりました。ハッキリ風速何mまで大丈夫とは言えませんが、とにかくつっぱりをセットして天井に上がり、ゆさぶったり、サイドから押してみてください。かなり頑丈に変身しています。あとは皆様の経験とカンにお任せしますが、台風に耐え抜いた姿を見たときは褒めてあげてください。

最後に皆様の幸運を祈り一句申し上げます。

備えあればうれしいな

現代農業二〇〇八年九月号
釘一本で取り外し可能 強力つっぱり棒

ビニールをはずさない人は強風対策をどうやっているのだろう

熊本県宇城市　高木理有さん（編集部）

「ウチんところは八～九月はちょうどミニトマトの育苗時期。作型をズラして、台風の時期が過ぎてから育苗すればいいと思うやろうけど、そうすると今度は翌年の台風時期まで収穫するようになる。どうしたって台風は避けられんよ。

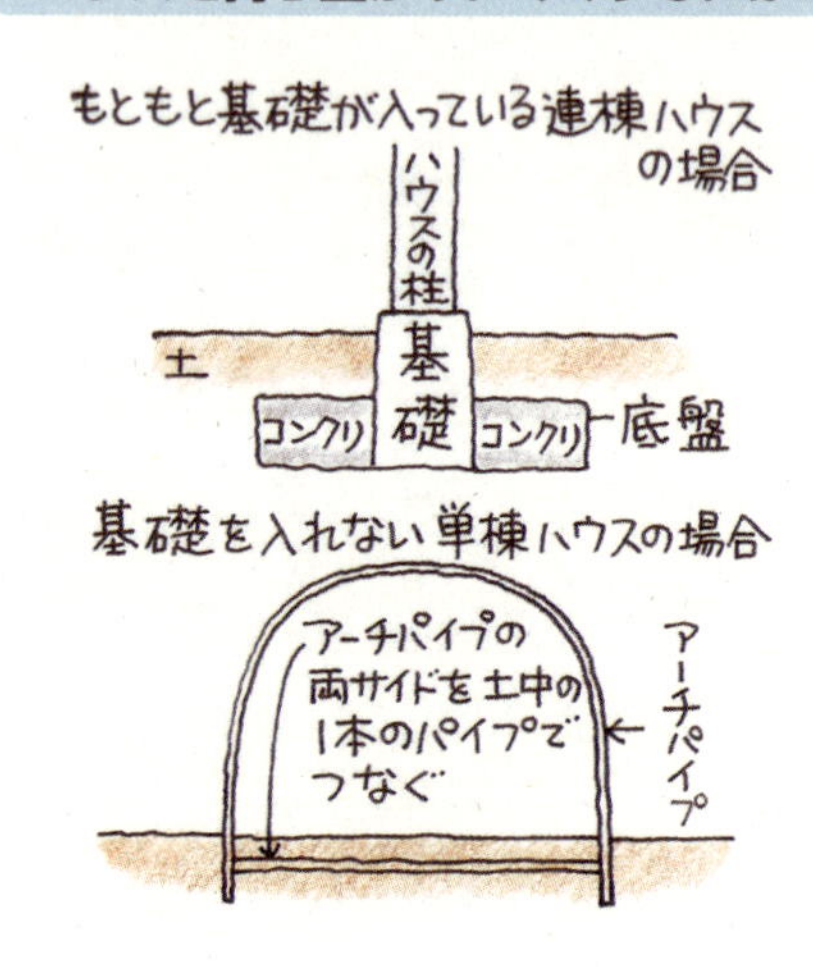

で、台風が来たらどうするかって？　そりゃ、俺は絶対ビニールばはずさんよ。張ったまま。はずしたほうがハウスは守れるけど、今、問題の（シルバーリーフ）コナジラミが入ってくるからはずされんたい。ハウスはぜったい潰さんように、コナジラミは中に入れんようにしたい。台風対策ちゅうたら、基礎の強化、ハウスの補強、ビニールがはがれんようにすること、この三つよ。台風は毎年必ず来るんやから、自分は来る前に手を打っとくですよ」

基礎を強化しておく

風でハウスを持ち上げられないようにするには、基礎を強くするしかない。高木さんのミニトマト育苗ハウスには、幅四〇cm、深さ六〇cmの基礎が入っているが、強風で基礎がすっぽ抜けてしまわないとも限らない。そこで、基礎のまわりにコンクリを流し込んで自分で底盤を作った。これなら強風が来ても底盤が土にひっかかり、すっぽ抜けることはない。

おかげで去年の台風では、ビニールは裂けたもののハウスはびくともしなかった。基礎の種類や強度はハウスを建てる場所の土質によってもかなり変わってくるので、ハウス業者と相談するのが手っ取り早い。

三角形でハウスを補強

横風や吹き降ろしの風でハウスが押し潰されないために、足場パイプで三角形をつくってハウスを内側から支えてやる。三角形は右から力がかかると左に、左からかかると右に押し戻す力が働くから、揺れにも強い。ハウスの中に三角形があればあるほど強度は強くなる（五五ページを参照）。

ビニールを飛ばさない手立て

▼留め材の数を増やす

コナジラミをハウスに入れないようにするためには、ビニールはぜったいはずさない。去年の台風のときは普通よりビニペット（留

でも、本当はこんなふうにつっぱって三角形をつくったほうが、もっと強度が出る

「風にいちばん弱いのは肩よ。ここがいちばん押し潰されやすかばってん、つっぱり棒を1本入れるだけでかなり強度が出るとですよ」と高木さん

め材）の数を増やして、一つのハウスで五カ所を留めたけど飛ばされてしまった。今年はさらに増やして九カ所くらいで固定するつもりだ。

▼防虫ネットをハウスバンドに

ハウスバンドも強化する。去年は広幅のハウスバンドを使ったのに、あまりの強風で切れてしまった。だから今年は防虫ネットの強力サンシャインをバンド代わりに使うつもり。これは沖縄の平張りハウス仕様のネットで、風にめっぽう強い。広幅で使えばさすがに切れることはないだろう。すでにメーカーに頼んで七〇㎝幅に加工してもらってある。

▼換気扇でバタつき防止

さらに、連棟ハウスには換気扇もつけるつもり。換気扇でハウスの空気を抜き、負圧をかけてやれば、ビニールのバタつきがなくなって、ハウスの揺れも弱まるはず。中古の発電機でも買っておけば、停電しても大丈夫。

「念には念を入れて対策したつもりでも、台風には毎年泣かされてきた。でも、今年こそは、ぜったい負けんたい」

現代農業二〇〇五年八月号
オレは絶対にビニールをはずさない！

ハウスサポーターを設置したハウス

横からの力に負けない簡易つっかえ棒「ハウスサポーター」

岐阜県高山市　日野浩行

飛騨は夏ホウレンソウの大産地。わが家も雨よけハウス一五〇aでホウレンソウを栽培しています。夏から秋にかけての集中的な作型なので、台風の被害には永年頭を悩ませてきました。

パイプハウスはおもにアーチ構造で、天井に水平のパイプを備えればある程度強度が高まります。しかし、アーチの肩から下はただパイプが地面から垂直に立っているだけなので、横からの力に対してはかなり弱く、人がちょっと押しても動いてしまうくらいです。そこで、ハウスの肩から下の動きを抑えようと考案したのがこのハウスサポーターです。

先がL字形になったこの器具をつけると、ハウスに横風が当たったとき、その力が地面に打ち込まれた杭に伝わって面で受けとめるようになるので、横からの力にかなり強くなります。また反対側から風が吹いても杭が地面から抜け上がることはありません。

ハウスサポーターはハウスの肩に約六m間隔で取り付けておき、ふだんは邪魔にならないようハウスサイド側によけておきます。夏場のホウレンソウは通常約一カ月ほどで収穫できるので、台風の集中しやすい八月上旬ころから、ホウレンソウの播種後にこれを地面に打ち込めば（足で押し込むだけなので、反当たり約一〇分でできる）、水平張りパイプとハウスサポーターの組み合わせによりハウス全体の揺れを抑えることができます。

昨年は高山にもたびたび台風がやってきて大きな被害をもたらしましたが、幸いにも私のところはまったく被害がなく、ハウスのビニールも再利用しています。自分の台風被害がなくなったことはもちろんですが、使っている方に「よかった」と言われたときは本当に嬉しかったです。

現代農業二〇〇五年八月号
簡易つっかえ棒「ハウスサポーター」

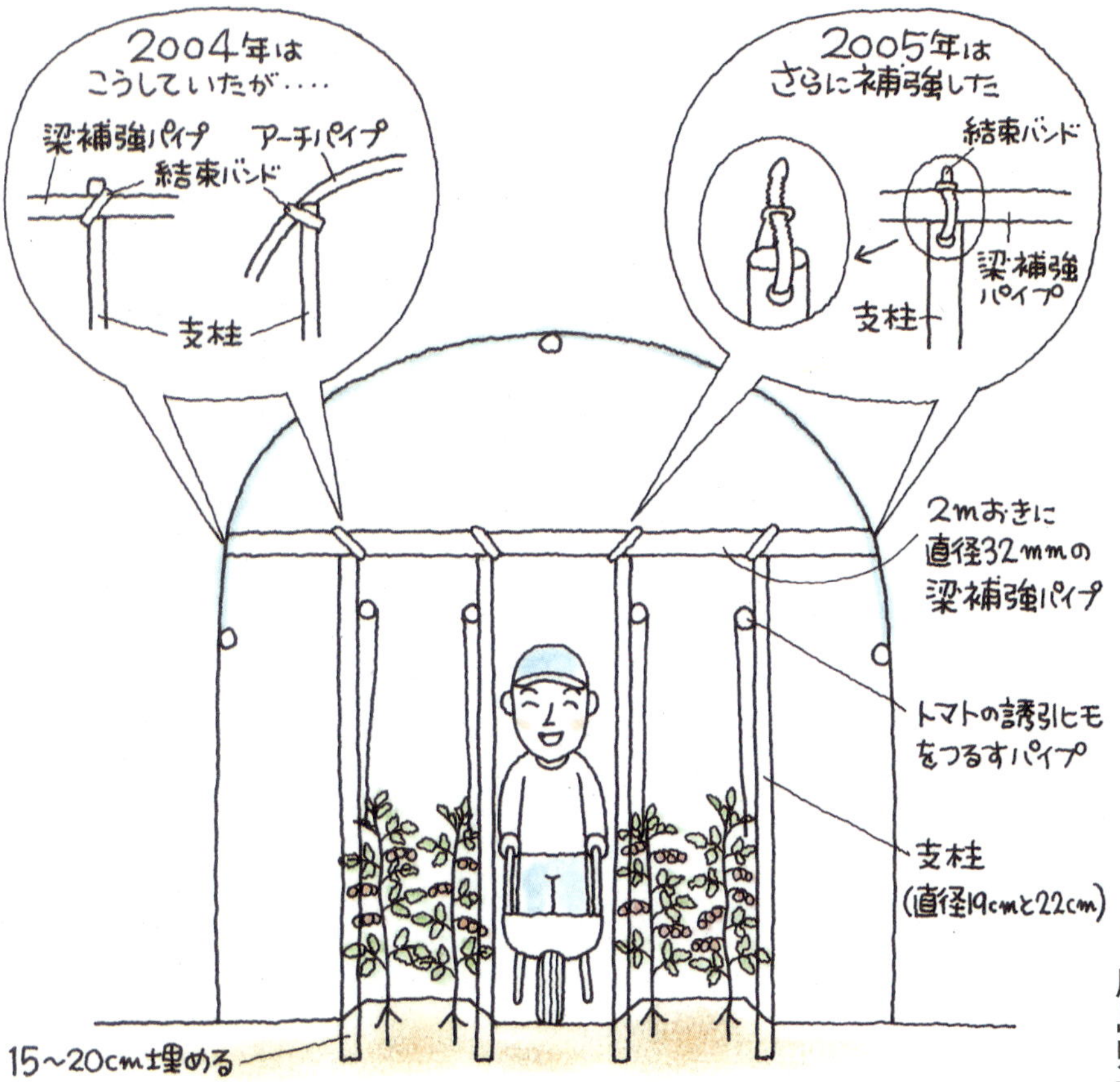

梁にパイプを渡して支柱と結束

補強アーチパイプに梁を渡し
さらにトマト支柱に結束

広島県廿日市市　平田雄志

三年前に脱サラし、築一二～一三年のハウスを借りて夏秋トマトを栽培しています。ハウスは間口五・四m、長さ五五mと六五mの二棟です。アーチパイプは直径二二㎜で、補強パイプとして約二m間隔で直径三二㎜のアーチパイプが入っています。

二〇〇四年九月の台風十八号は、広島市で気象台観測史上最高の最大瞬間風速六〇・二mを記録し、国宝厳島神社も大きな打撃を受けたほどでした。しかし、私は天井フィルムが三～四m破れた程度と、被害を最小限にすることができました。

私のハウスは補強アーチパイプのところに梁（三二㎜パイプ）を渡して補強し、さらにそれをトマトの支柱と結束して支えていました。今年（二〇〇五年）は強風による上下の激しい揺れに対しても対応できるよう、支柱の先端部に穴をあけ、結束バンドで固定しています。

現代農業二〇〇五年八月号
梁にパイプを渡して支柱と結束

風に強いぞ　竹ハウス

風船みたいに膨れても潰れない

愛知県小坂井町　佐竹綾子さん（編集部）

竹ハウスがお気に入りだという佐竹綾子さん（左）と姉の小島ちか子さん。40年前に渥美の業者に建ててもらった

佐竹綾子さんの竹ハウス

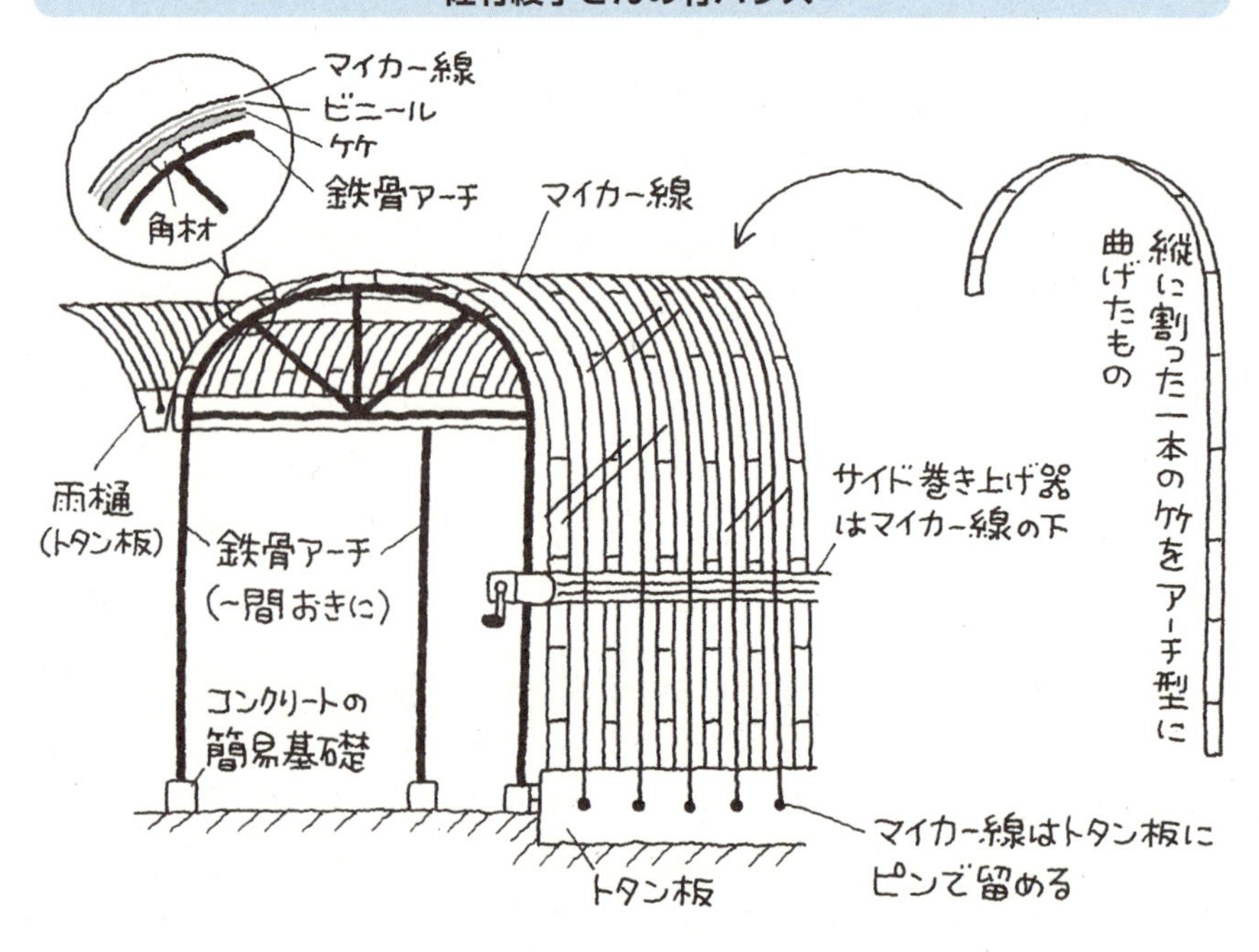

鉢花を栽培する佐竹綾子さんは竹ハウス歴四〇年。

「とにかく風に強いのよ。台風が来てもビニールがいっこも破れないの」

二〇年くらい前、大きな台風が愛知県を襲

ったときの話だ。竹ハウスが風に強いことは、勧めてくれたお姉さんから聞いていたけれど、心配になった綾子さんは台風の中ハウスを見に行った。そこで目にした不思議な光景。

竹ハウスが風船のように膨れて、今にも飛んでいきそう。でも飛ばない。

「ダーっとくねって、あー潰れるなあと思っても、すぐにダーっと元に戻ってしまうから、『ほー』って、感心して見入っちゃったの」

風船みたいに膨らんだハウス全体が、大きな大きな波を打って揺れていたのだ。

このときの台風では、あたりのパイプハウスや鉄骨ハウスがぐりんと折れ曲がってたいへんな被害が出たのだが、どういうわけか竹ハウスは無傷で残った。

竹ハウスといっても、佐竹さんのハウスはすべて竹でできているわけではない。内側には一間おきに鉄骨のアーチが入っているし、横方向に角材が渡してある。

「竹がしなって、ビニールごと膨らんだり波打ったりするけど、おかげで鉄骨にかかる負荷は少ないと思うわよ」

風の強い渥美では昔から竹ハウスが使われてきた

愛知県田原市　河合清治さん（編集部）

竹を張り替えたばかりの竹ハウス。この上からビニールを張ったらマイカー線で留める。渥美には竹ハウスを建ててくれる業者が数軒ある

意外と思われるかもしれないが、施設園芸が盛んな渥美には竹ハウスが結構ある。見かけるのはガラス温室か竹ハウスのどちらかで、パイプハウスはほとんど見当たらない。

もともと風が強い渥美では、昔から竹ハウスが使われてきた。メロンのパイプトンネルが台風でメタメタになったときでも竹ハウスは壊れなかった。

河合清治さんと竹ハウス

竹ハウスは建てたり張り替えたりするのにガラス温室の三分の一くらいの費用ですむのだが、暖房効率が悪くてガラス温室と比べると油を二倍食う。ハウスの開閉も当然手動になる。それでも竹ハウスを愛用する農家は多いのだ。キクの直挿し名人の河合清治さんもその一人。

「県外から来た人たちに『へー、今どき竹ですか』なんて驚かれるけれど、風には強いし、キクの芽とりや夏作なら暖房はいらない。ビニールの張り替えも自分でやっちゃうしね」

ビニールの張り替えだけじゃなく、竹の張り替えだってやろうと思えば自分でできるそうだ。ちなみに竹は一〇〜二〇年で張り替えるほど長持ちする。

現代農業二〇〇九年四月号　風に強いぞ　竹ハウス

ハウスの雪害対策

極太パイプ・被覆はぎでも油断禁物

福島県喜多方市　小川 光

屋根をかけていなくても雪がだるま状に積もり、ハウスが潰された例
(2010年12月26日撮影、西会津町役場提供)

近年、時ならぬ大雪によるハウス被害が相次いでいる。

当会津地方北西部においては、二〇〇二年十月二十九日未明の豪雪により、被覆中のハウスが多数倒壊。二〇一〇年四月十七日の豪雪では、被覆したばかりの水稲育苗ハウスが多数倒壊した。これは、外側から遮光シートをかぶせてあったハウスで被害が大きかった。「雪に強い」という触れ込みで導入された極太三二㎜のハウスでも、二〇〇九年十二月の豪雪では、被覆資材の表面の汚れのため、雪が落ちずに多数倒壊した。

これらを踏まえ、ハウスの雪害予防対策について、特にパイプの骨組みを中心に考えてみる。

冬季も被覆しておく場合

ハウスの周囲は随時除雪することが前提だが、雪が落ちやすい構造にすると同時に、落ちにくい湿った雪がのった場合でも、潰れにくいようにしておく必要がある。以下にその方法を紹介する。

▼中柱を立てる

積雪前に、ハウスの天井直管に端末フック(図1)で固定し、直管(中柱)を立てる。これが最も効果的な雪害対策であり、当然、中柱の間隔が近いほど強力である。

ただ、毎日全体を片側へ開閉するカーテンがある場合は具合が悪い。天井に孔を開けて中柱を通し、南側だけを開けるしかない。両側から開閉するカーテンの場合は、日中は中央にたたむようにする。

図1　天井直管と中柱をつなぐ端末フック

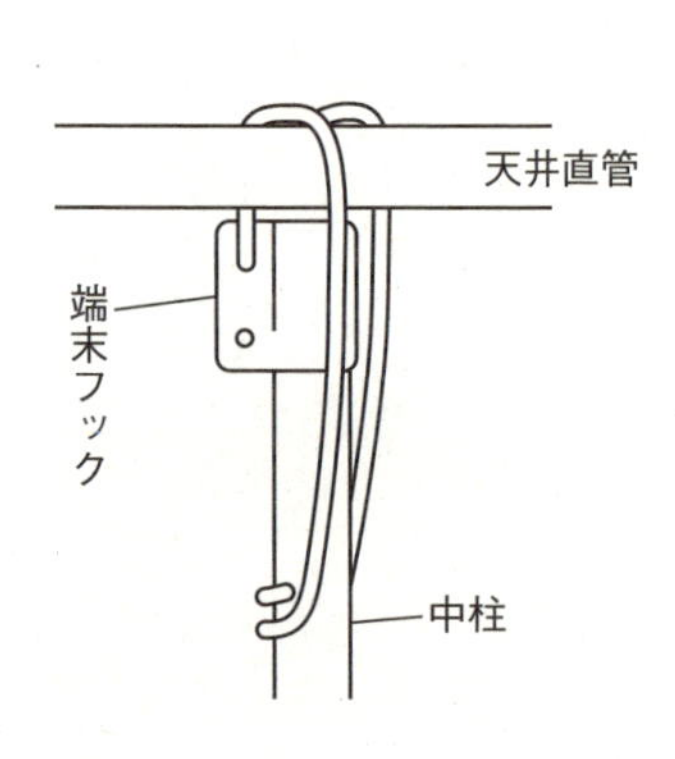

また、すでに積雪が多く、少しハウスが凹んでから中柱を緊急に立てる場合は、専用ジャッキを中柱の下に入れて押し上げるとよい。

▼傾斜地では左右の屋根の傾斜を同じに

傾斜地で、等高線に沿ってハウスを建てる場合、通常の左右対称のパイプでは、山側の屋根の傾斜が水平に近くなり、雪が落ちにくく、潰れる原因となるので、谷側のパイプに下駄を履かせて、左右の傾斜が等しくなるようにする。

▼パイプの太さを不均一にする

豪雪地では、太いパイプを使って耐雪性を高めているが、材料費が高いうえに、建設も業者に頼らざるを得なくなってしまうので一層高価になる。そこで、一定（例えば一・八m）間隔に四八㎜等の極太アーチパイプを入れ、その他は二二㎜ないし二五㎜パイプを使用すると、全部三二㎜で建設した場合より耐雪性は高くなる（図2）。

この場合、極太アーチパイプは、天井の直管の下に（他のアーチパイプは通常通り直管の上に）入れて、頂点で下から支え、専用の留め具で固定する。また、地面に挿す深さは他のパイプほど深くする必要はなく、円盤型の「足」をつけて単に地面に置く形でもよい。

冬季は被覆をはがす場合

▼クサビのジョイントが盲点

被覆がなければ、フジのツルなどがからまっていない限り、上から潰されないと考えがちだが、二〇一〇年十二月二十五日の豪雪により、西会津町の三二㎜パイプのハウスが多数倒壊した。

これは主に、天井で直管とアーチパイプをつなぐジョイントが、U字型とクサビによるもので、硬い針金によるフックバンドではなかったため、クサビ部分に湿った雪が積もり、直径一mもの雪だるまができて、ここから潰れが両側に広がったためである（図3）。

このジョイントは、形状や大きさからみて、天井用に作られたものである。このジョイントを使ったハウスでは、冬季は被覆しておかなければならないことになる。やむを得ずはがす場合は、中柱を立てることでかなり予防できる。

▼等高線に平行なハウス――横直管をはずす

傾斜地の等高線に沿って建てられたハウスでは、積雪が二m程度あると、早春に雪がゆっくり流れる際、山側は地表近くが倒されて地表部で折れ、アーチが反り返り、谷側は横

図2　パイプの太さを不均一にしたほうが強くなる

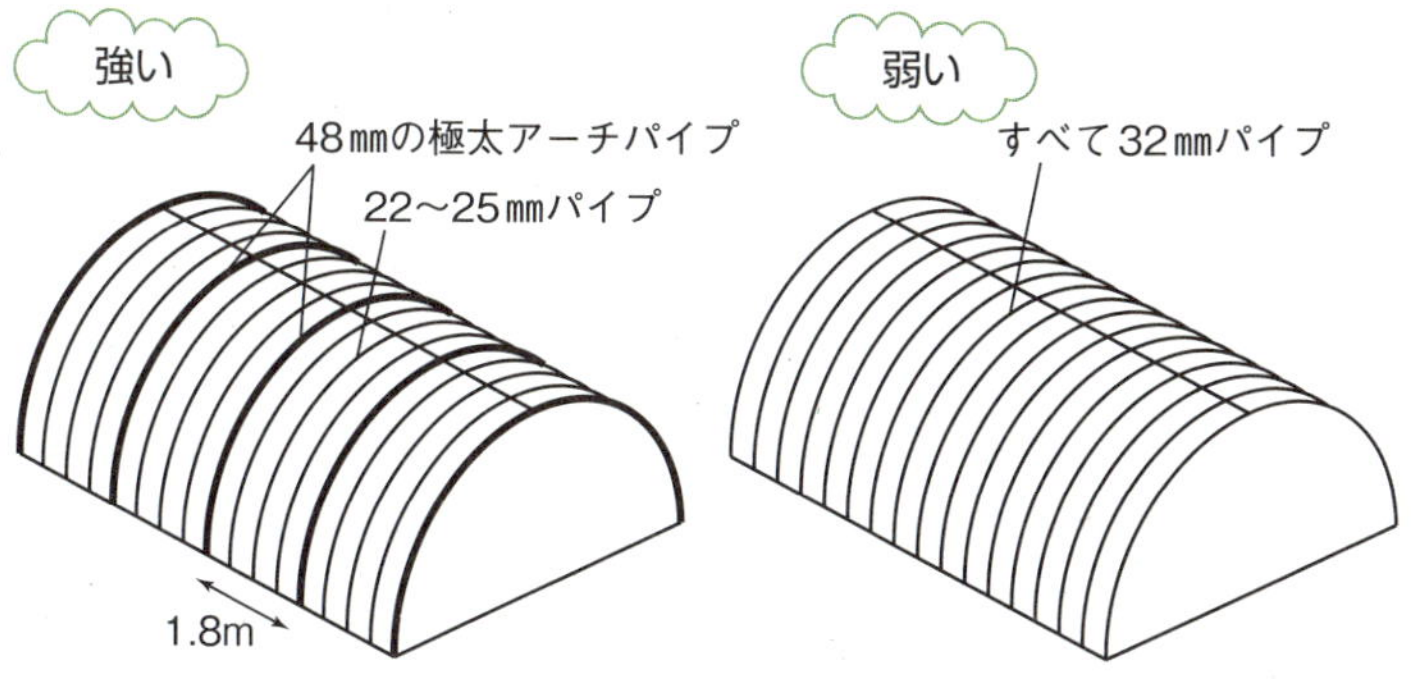

図3　倒壊のきっかけになるクサビ式ジョイント

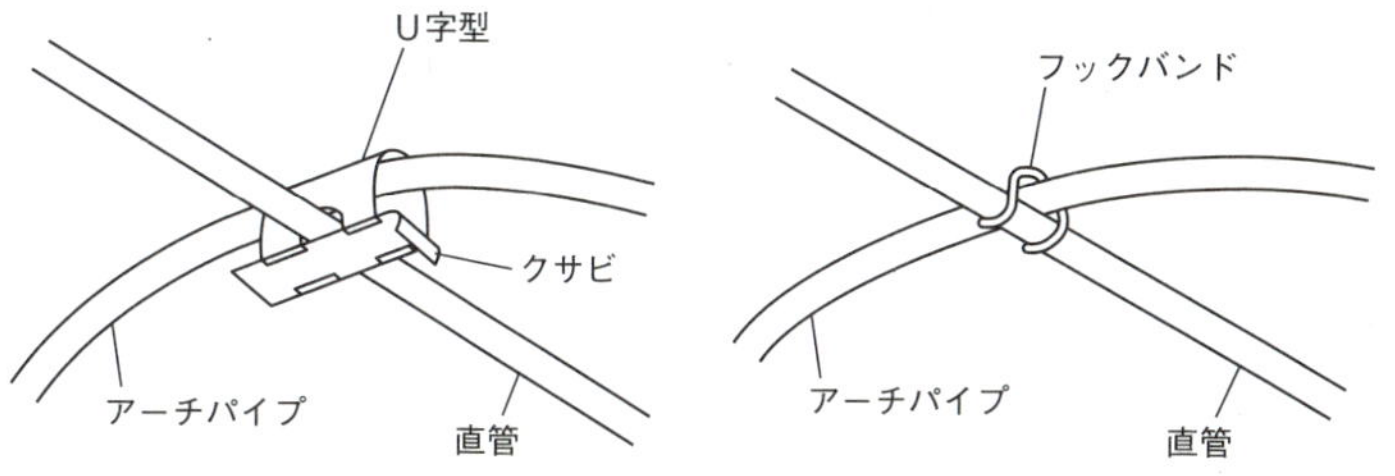

（サイド）直管の上が大きくたわむ（図4）。この場合の筋交いは、構造が強化される反面、雪の通過が妨げられて倒す力が強まってしまう。山側の横の直管に下から斜めの極太パイプを当てて補強するのが最善と考えられるが、まだ実証していない。山側の横直管や筋交いをはずしておくことも有効である。

図4　傾斜地のハウスは山側の横直管をはずす

（等高線に平行に建てられたハウスの場合）

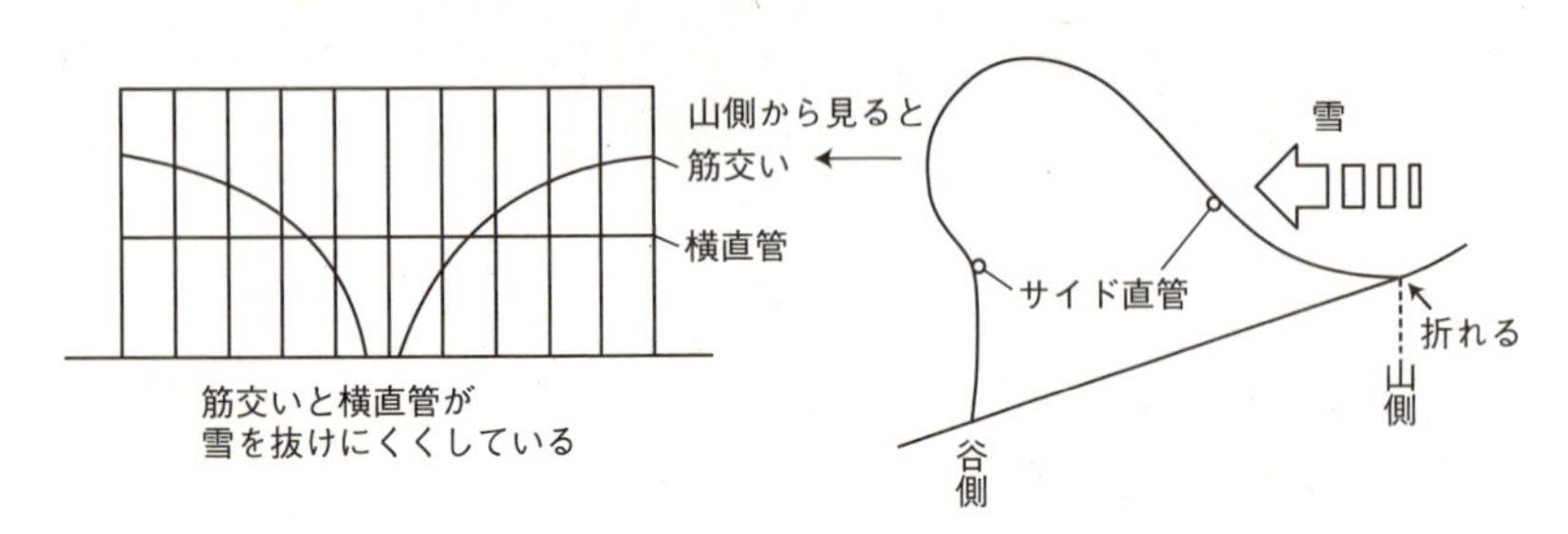

▼等高線に直角のハウス
——谷側から上向きの筋交いを

等高線に直角に建てられたハウスでは、まず妻面のパイプが流れる雪に押されて、全体が将棋倒しになる。これに対しては、谷側から上向きの筋交いが有効であり（図5）、また晩秋に妻面のパイプを中央の縦パイプ一本以外は抜き取っておくこと。また谷側の妻面アーチ中央に斜め下から極太パイプで支えることも考えられる。また、クサビ式ジョイントでなく、フックバンドで留めてある場合、ゆるみやすく将棋倒しになりやすい。側面の二本の直管パイプをはずしておくことも有効である。

図5　傾斜地のハウスは谷側から上向きに筋交いを

（等高線に垂直に建てられたハウスの場合）

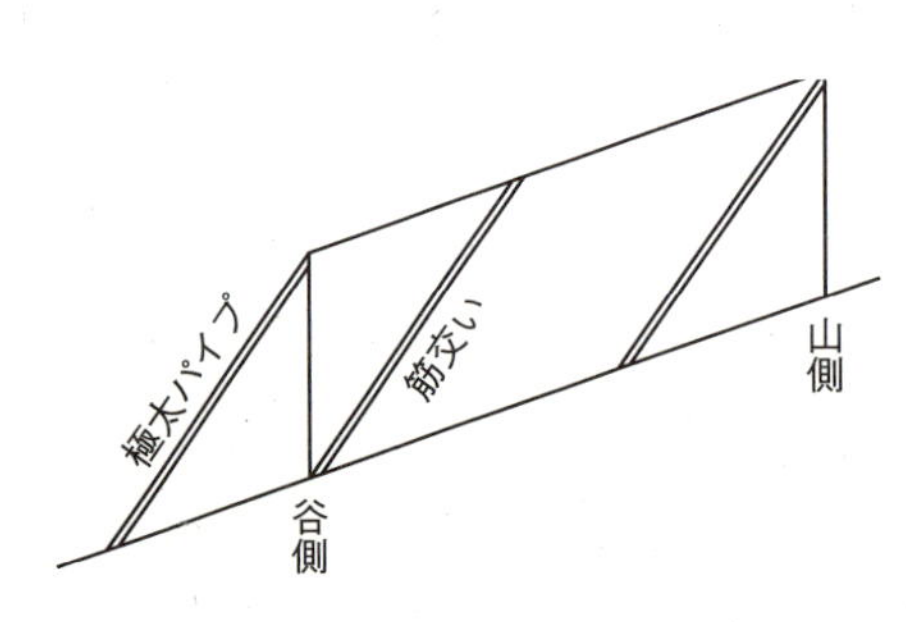

筋交いは雪に対してはパイプがいいが、風に対しては竹でよい（しなるので強い）

図6　パイプをつないで足を強化

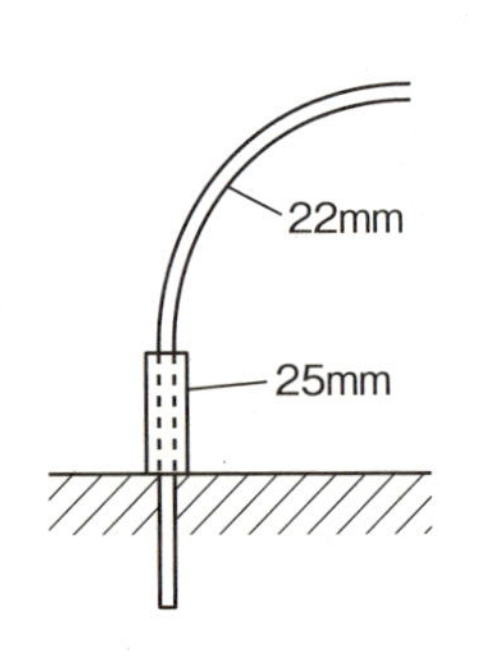

▼足まわりの補強

古いパイプハウスでは、土中部分が錆びて、地表すれすれで折れやすくなっている。これを再建するには、二二㎜パイプでは二五㎜パイプでつないで、足を強化する。土中深い部分の強さはあまり必要でないので、二五㎜パイプ（二五㎜パイプのハウスなら二八㎜パイプ）を節約したい場合は、地表付近一五㎝程度として、その下はまた二二㎜パイプを切ってつなげばよい（図6）。

なお、雪解けのぬかるみの三〜四月には、強風によりハウスの屋根が吹き飛ばされやすい。これは、ラセン杭がぬかるみの中でゆるみ、すっぽり抜けてしまうからである。このような畑では、長さ四〇㎝程度のラセン杭より、一〇〇㎝程度のL字鋼（上端に孔を開けて針金でハウスのパイプにくくりつける）を畑に打ち込んで固定するほうがよい。

現代農業二〇一二年十一月号　ハウスの雪害対策

屋根が沈むと機能する天井収納式「耐雪柱」

京都府木津川市　田中裕之さん

積雪が予測されるときだけ下ろす

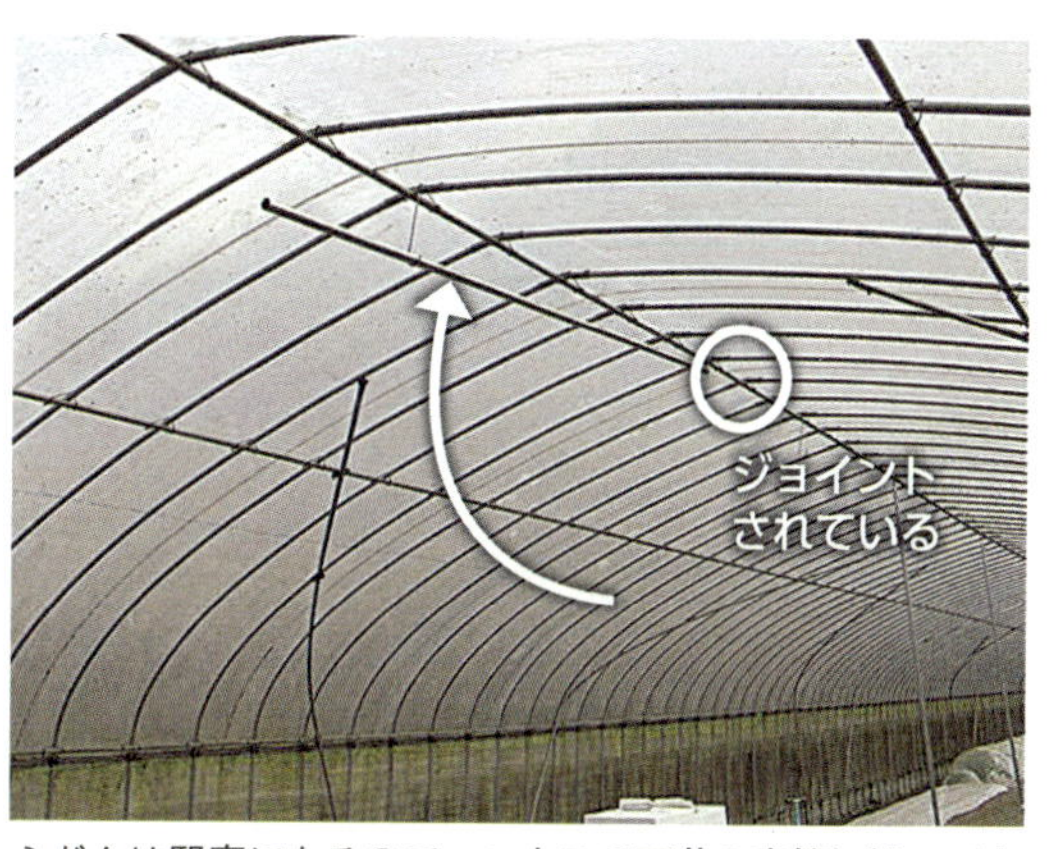

ふだんは邪魔になるので、ハウスの天井の直管に沿って上げておく

下ろした中柱は地面から3㎝ほど浮いた状態になる。雪の荷重で屋根が沈み込むと地面に刺さって柱の役割を果たす。名付けて「耐雪柱」。編

現代農業2012年11月号
ふだんは天井に上げておける中柱

しなって耐えるヒノキ廃材の中柱

京都府丹南市　山口正治さん

山口さんの中柱はふだん、アーチパイプに沿って上げてある　編

売り物にならないヒノキ廃材を有効利用。
木材だとしなるのでパイプより強い

現代農業2012年11月号
ヒノキ廃材の中柱なら、しなるので強い

「遊び」があるから潰れない吊るした塩ビパイプ＋足場パイプの支柱

島根県邑南町　洲浜松男さん（編集部）

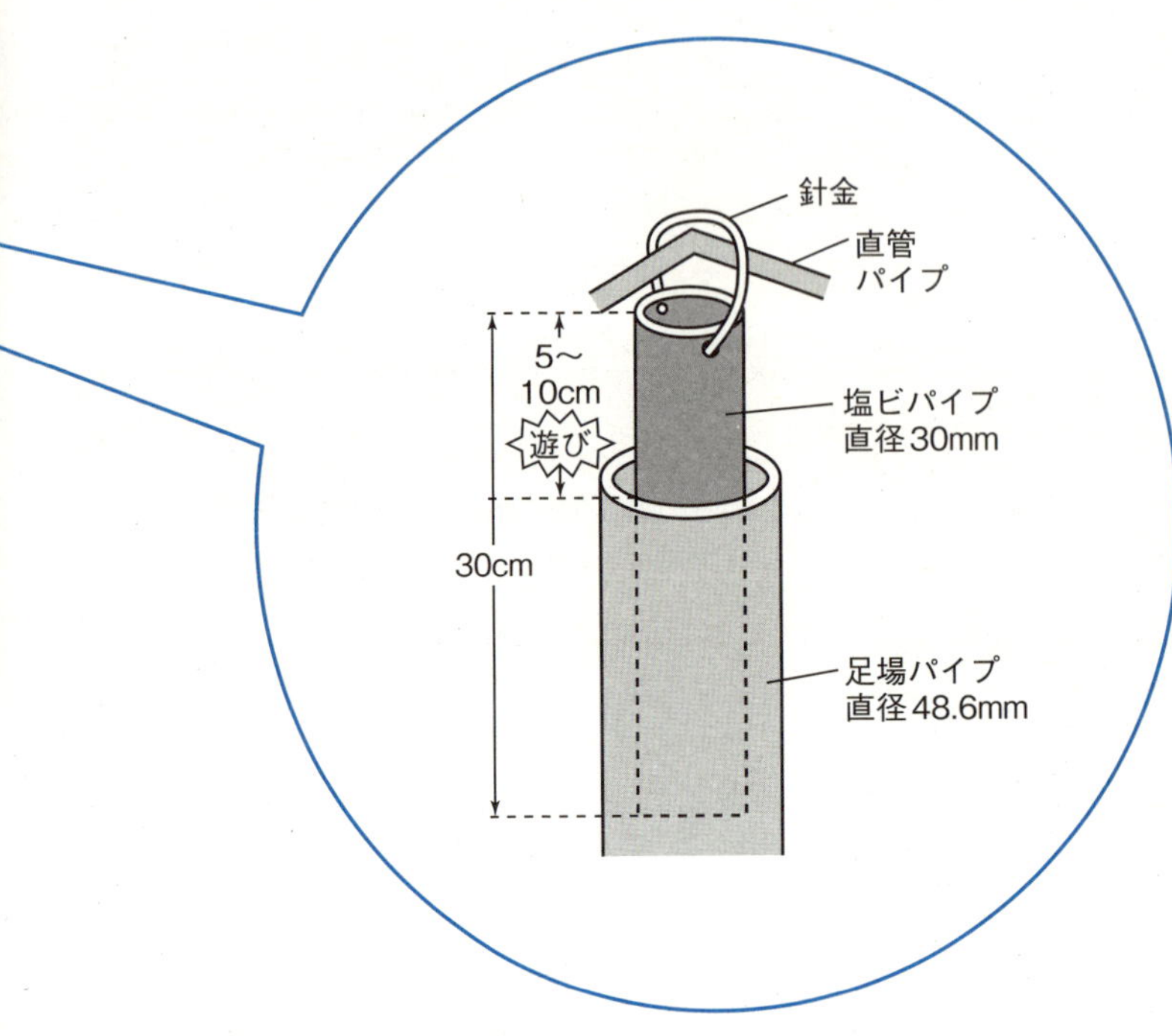

洲浜さんの支柱のしくみ

ハウスの天井部分に30㎝の塩ビパイプを針金で吊るし、下から足場パイプをはめる（遊びも設ける）。地面の状態によって足場パイプが短いときは、下に板の切れ端を何枚か入れて高さを調整する

「遊び」があるからひしゃげない

約八反の畑で白ネギやナスなどをつくる洲浜松男さん（六七歳）は、冬のハウスの雪害防止に、塩ビパイプと足場パイプを組み合わせた便利な支柱を考えた。頑丈な足場パイプが支えになっているので大雪が降っても潰れることがない。

ポイントは、図のように「遊び」を設けたところにあるらしい。

「ここは雪が五〇㎝は積もるけぇね。ハウスのパイプは弱いから、雪の重みで簡単に曲がるんよ。竹なんかのつっかえ棒を入れても、入れたところはいいが、入れてないところがちょっとした重みで沈んでしまう。全体的に屋根が凸凹になるから困るんよ。だから遊びが大切ってわけ」

雪でハウスの屋根が沈んでも、遊びがあればパイプ全体がしなるので、一部分だけが凹むことはない。雪が溶ければちゃんと元に戻るのだ。

はめるだけだから設置もラク

設置もラクだ。ハウスの天井に吊るした塩

塩ビパイプを吊るしている支柱の間隔は約1.8m。雪が積もりそうになったら足場パイプを素早くはめることができる（まだビニールを張ってない夏に説明してもらいました）

ビパイプに足場パイプを下からはめるだけ。

「雪害防止専用の支柱もあるが、忙しいときに一本一本ボルトで留めないといけん。すごく時間がかかる。おまけに一本三〇〇〇円もする…」

一方、足場パイプなら洲浜さんのハウスに使う三mちょっとで一本約一二〇〇円。塩ビパイプは、あるものを使えばコストもかからない。

洲浜さんがこの支柱を考案して五年ほど。以来、雪でハウスがひしゃげたり潰されたりしたことはないそうだ。

現代農業二〇一三年十一月号
足場パイプと塩ビパイプでハウス増強

ハウス内に針金（矢印）を張って、雪の重みで天井が歪まないように締める
（写真はいずれも三島均氏提供）

ハウスの肩一mおきに針金を張って アーチパイプを潰さない

北海道岩見沢市　倉田正美さん（編集部）

四〇～五〇㎝の雪に耐えるハウス

そろそろ雪が降り始める季節。ハウスの冬支度はすませただろうか。

豪雪地帯の北海道岩見沢市で、「うちのハウスはちょっとやそっとの雪では潰れないよ」というのはイチゴ農家の倉田正美さん。毎年のように潰れるハウスがあるという地域にあって、四〇～五〇㎝の雪にも耐えられるようハウスに施した工夫が上の写真。

針金で締めれば潰されない

ハウスの肩の位置に針金（一二～一四番）を張って、雪の重みで天井が広がってしまわないように（アーチパイプが潰れないように）締めつけている。締めつけっぱなしではに針金が伸びてしまうので、片側にはターンバ

ハウス脇に設置した貯雪槽（大）と熱交換箱（小）。熱交換箱の中にラジエターがあり、ダクトで冷気をハウス内に送り出している

貯雪槽の中。すのこを敷いて雪と冷水を分ける

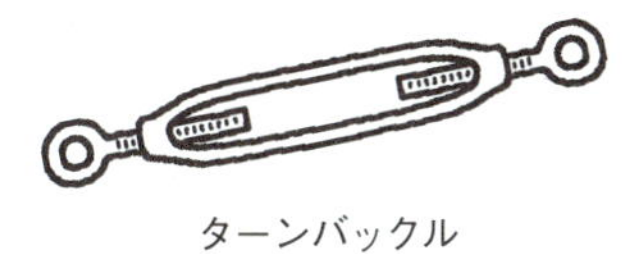
ターンバックル

雪は2日に一度、業者に運んでもらっている

ックルを取り付けてあって、締めたり緩めたりを調節できるようになっている。

ハウスの長さは一〇〇m。針金は一mおきに一〇〇本張っている。「一〇年前に一回潰しちゃった」という倉田さん。以来、この方法で一度も負けていない。

夏は、この針金の上に寒冷紗を広げて暑熱対策にも利用している。天井に登らなくてすみ、非常にラクだ。

やっかいな雪をクラウン冷却に活用

いずれにせよやっかいな雪。だが倉田さんは二〇〇九年から地域の取り組みとして、この雪を夏場のハウスの冷房や、クラウン冷却に活用している。

冬の間に積もった雪は、土場とよばれる沢に集めて、春にブルーシートで覆っておけば九月まで溶けずにもつ。

倉田さんのハウス横には貯雪槽が設置してあり、そこに二日にいっぺん土場から雪を運び入れる。そしてイチゴ株元のパイプに冷水を循環させ、冷風もダクトでハウスに引き込んでいる。

品種を変えたこともあるが、以前は一株あたり一パックとれないこともあった夏秋イチゴが、おかげで二～三パックとれるようになった。

現代農業二〇一二年十二月号
ここにも「無敵のマイハウス」
雪に強くて活用までしちゃうハウス

どんな雪でもかかってこい！ハウスまわりの川が瞬時に溶かす

山形県米沢市　土沢伊津記さん（赤松富仁）

土沢さんのキュウリハウスの横は川！　積雪時は毎分700ℓの地下水を流し続ける。「屋根から落ちた雪を、いかに瞬時に溶かすかが問題」だという（すべて赤松富仁）

二月の中旬、山形県米沢市の土沢伊津記さんのハウスにお邪魔しました。折しも、東京から「家の屋根の雪下ろしに」と息子さんが帰ってきており、玄関先に雪がうずたかく積もっていました。「この冬は屋根の雪下ろし、これで三回目」と、雪の多さに土沢さんもあきれ顔……。

ハウスキュウリ五〇年

土沢さんが真冬に野菜をつくる理由は、はるか昔に遡ります。

戦後、鹿屋の航空隊から戻り、農業を始めた土沢さんですが、じつは百姓が大嫌いでした。土を触ったらクレゾールで消毒しないと飯が食えなかったほどだそうです。

そんな土沢さんだからこそ冒険ができたのかもしれませんが、農業にビニールが使われ出したのが記憶では昭和二十八年。さっそくその翌年には土沢さん、超高価だったそのビニールを購入してトンネル栽培でキュウリをつくったのだそうです。そのころの一年間の野菜の売り上げは四五〇〇円。それが、キュウリをたった二aつくっただけで、一作で何と七万円もとってしまった。以来、キュウリづくりにはまってしまったというわけです。

年々作付けを早くしていけばいくほど金になった時代。そしてついに雪にぶつかった。昭和三十九年に、屋根の勾配のきつい半鉄骨のハウスを自分で設計して建てました。キュウリづくり五〇年のベテランです。

この冬3回目になるという家の雪下ろし。下ろした雪で玄関は塞がれてしまっている

問題はハウス脇に落ちた雪の始末

現在、土沢さんのキュウリの播種は十二月下旬、定植は一月下旬。ハウスまわりには二m近い雪の積もるなかでの定植です。ハウスの中では暖房をたいており、勾配もきついので雪は自然にサッと落ちて、ハウスが上からつぶれるという心配はありません。

ここでの問題は、ハウス脇に落ちた雪をどうするかということなのです。「屋根から落とした雪を、瞬時に完全に消雪する設備がなければ、豪雪地帯での厳寒期の野菜づくりはできない」と土沢さんはきっぱり。

パイプハウスの間も川

お堀の中に鎮座するハウス

さっそくハウスを見せてもらおうとすると、「靴ではだめだ」と土沢さん。長靴に履き替えてから向かうと、そこはまるでお堀の中にハウスが鎮座しているという異様な風景。ハウスまわりには幅一m強、深さ一〇cm以上の水路を水が流れているのです。

「雪がそろそろと落ちてくるぐらいなら貯め水でも大丈夫だが、一晩に四〇cmも五〇cmも降るときは貯め水ではだめ」

豪雪地帯の米沢で、1月定植のキュウリづくりをする土沢伊津記さん。キュウリづくり50年以上

流れている川には雪は積もらない

土沢さんのヒントになったのは、「流れている川には雪は積もらない」ことでした。地下水を掘り、水温一〇℃の水を毎分七〇〇ℓ（四〇〇坪の面積の雪を完全に消すための水量はこんなに必要！）流すシステムを作り上げました。一日に降る最大量を想定しての消雪対策。ハウスまわりの川。

ドサッと落ちた雪が水路をふさがない工夫

だけど本当に怖いのは、三〇cmも四〇cmも積もったものがハウスの屋根から一度に落ちるときだそうです。水路に落ちた雪はダムと化す。土沢さんはそんなときのために水路にバイパスも造ってあり、一つの水路がつぶれても、別の水路に水が流れるように工夫してあります。

どんな雪でもかかってこい、と、万全の態勢で臨む土沢さんであります。

現代農業二〇〇六年十二月号
落とした雪は瞬時に溶かせ！
ハウスまわりには川が必要

台風で被害にあったときどう対応するか

兵庫県宍粟（しそう）市　田中一成

建てたばかりのハウスを台風が襲った！

ゴーゴーと風が音をたて家を揺らす。「ハウス大丈夫やろか……」と心配になる。心臓がドキドキ鳴る。農業を始めて八年目を迎えますが、台風シーズンになるとあのときの記憶がよみがえり、心配と緊張を繰り返します。

師匠である茨城のトマト農家・伊藤健さんには、研修中よく「人間、痛い目にあわないと勉強しないもんだ。とくに災害の怖さはわからないからな」といわれていましたが、就農してハウスを建て、ビニールを張り終えた数日後に、台風でそれらが壊されるなんて……。まさかこんなに早く「痛い目にあう」とは思いもしませんでした。

師匠がくれた五つの助言

二〇〇四年十月の台風は、僕の住む兵庫県にも、多大な被害をもたらしました。その日の夜、僕は地元消防団の台風警戒活動に出ていて、たまたま自分のハウスの前を通りました。ビニールがはずれ「バターン・バターン」とものすごい音をたて、風にあおられていました。「あ〜やられた」と思いましたが、「ビニールだけやったらすぐ張り替えられるやろ」と気持ちを切り替え、引き続き警戒活動にあたりました。朝になりようやく台風も抜けていき、警戒も解除となったので、急いでハウスに行くと、ビニールどころか屋根の資材が壊され、北側の張り出し部分が、風に押されて内側に大きく曲げられていました。

「農業一年目で、ハウス建てたばかりやのに、どないしよう」と頭が真っ白になりまし

ビニールを留めたビニペットごと強風で曲げられて壊されたハウス天井

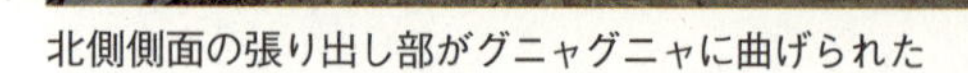

北側側面の張り出し部がグニャグニャに曲げられた

た。が、伊藤さんに聞くしかないと、急いで電話しました。

すると電話の向こうで伊藤さんは落ち着いて、次の五つの指示を素早くくれました。

①全体の被害を確認して、農業共済に連絡し、すぐに来てもらい対応してもらえ

②破損部分のビニール・ハウス資材名を確認し、業者に連絡しろ

③関西全体が混乱してビニールや資材がすぐに届かない場合があるから、そのときは茨城県の俺に連絡しろ。こちらであるものは手配する

④一度被害にあったところは、風に弱いところだから、これを機に必ず補強しろ

⑤業者の職人さんは、なかなかつかまらないだろうから、自分でできるだけ早く直し、トマトの定植に間に合わせろ

助言はどれもこれも的確

①の農業共済については、前に伊藤さんから「田中みたいに新規就農の者は、お金がないんだから、保険には入っておけ」といわれていましたが、「台風は、なかなか来ないところですから」といって台風を安易に考え、すぐには入りませんでした。しかし「何度もいうけど、立ち直れなくなるぞ、入ったほうがいいぞ！」と、もう一度電話があり、加入しました。台風が襲来したのはその二週間後。本当に驚きました。

②と③についてはすぐに業者に連絡しました。ハウス資材はありましたが、ビニールがすぐに手配できないということだったので、伊藤さんに頼んで関東から送ってもらいました。

④については今回、北側側面の張り出しが

側面の横に渡してあるパイプと柱の間に新たにパイプを入れて補強した

地域の人が手伝ってくれたおかげでハウスが建った。基礎以外はすべて自分たちで組み上げた

カーテンのワイヤーを通しているところ（業者の指摘を受け、あとでやり直しすることに……）

もろいことがわかったので、伊藤さんに補強の仕方を教えてもらい、前ページの上の写真のようにしました。その後何回か強い台風が来ましたが、おかげさまで大きな被害はありません。

リスクはあるけれど ハウスを建てた経験は財産

⑤は、研修に入ったときから「ハウスは自分たちで建てろ」といわれていました。研修中、伊藤さんの近くでハウスのビニール張り替えがあったときは、大型鉄骨ハウス上に乗って、足をすくませながらも手伝わせていただいたり、練習に小さいハウスを建てさせていただいたりもしました。

地元に帰ってきて「ハウスを自分で建てます」というと、「それは難しいのでは?」と周囲の人にいわれました。しかし伊藤さんにいわれたことなので、石にかじりついてでもやろうと思い、友人や地域の皆さんの力を借りながら、なんとか建てることができました。

ただし自分たちでハウスを建てることには多くのリスクもあります。一つは大ケガをすること。僕自身、足を滑らして落ちそうになり、あばらを強打しました。また資材の付け間違いなど、設計図通りにできなければハウスを壊しかねません。僕も勉強不足で、カーテン工事の方に「この張り方は危ない」と指摘を受け、やり直したことがあります。そのほかにもいろんなリスクがあって、逆に高くつくこともあり、やはり「もちは、もち屋」で職人さんに任せればきちんとしてくれるのだろうと思います。

しかし自分でやることのメリットも、この台風被害でわかりました。ビス一つでも部材の名前が覚えられ、正確に注文できたこと。すぐに修理でき無駄な時間とお金を最小限に抑えたこと。職人さんを待っていたら、初年度のトマトはつくれなかったかもしれません。そういった意味で、リスクはあっても、若いうち、時間があるうち、お金がないうちに、（必死になって）自分たちでハウスを建てたことは、財産となっていると思います。

わが家のハウス全景。22ａでトマトをつくる

師匠に感謝

「田中よ、本当にいい経験したな。この時期だからよかった。育苗棟は大丈夫でトマトの苗は助かった。本圃のハウスは壊されたけど、内カーテンはまだ取り付けてなかったし、作物が植わっていなかったから最悪の被害にならなかった。それから数日前に農業共済に入ったことで、時間もお金の被害も最小限に抑えられた。こんな経験をしたんだから、お前は得したと思うべきだな」

「人間痛い目にあわないとわからない」という言葉。伊藤さんもこれまで何度も痛い目にあっているからこそ、僕に的確に指示ができたのだと思います。「ハウスは自分で建てろ」といってくださったことに感謝しています。そして「どんなことがあっても諦めるな、一生懸命やれ」という師匠の言葉も、わかりつつある今です。

現代農業二〇一二年一月号
自分で建てたからこそできたハウスの修理

曲がったパイプを建ったまま直す

栃木県芳賀町　綱川仁一さん　（西村良平）

綱川仁一さん。パイプのカーブが変形してしまったのを直しているところ

夏から秋は台風の襲来、冬は大雪でパイプハウスの被害を警戒することになる。ハウスが倒壊すれば、撤去、建て替えに、本来、必要のない労力や費用がかかってしまう。しかも、粗大ごみとなり、資源の有効活用の時代に逆行する。

栃木県芳賀町の米麦農家・綱川仁一さん（五六歳）は、市販のバイス（万力）などに手を加えたパイプ折損の修理具を考案して、県の農業機械士会の創意工夫展で受賞した。解体せず建てたまま補修できるのが大きな特徴で、三人が半日かければ、五・四m×三〇mの倒壊ハウスのパイプ修理が可能とのこと。

パイプの修復作業は、

①折れ曲がった部分を修復用バイスで締めて元の形に戻す
②テコの原理を用いてパイプのカーブを元に戻す
③折れ曲がりを修復した部分に補強用パイプを取り付ける

という三段階となる。

「折れ曲がり」を直す

折れて変形した柱のパイプを、市販のバイスを改造したパイプ修復用バイスで締めて丸く戻す。直すパイプは、天井のジョイント側のみはずし、地面のほうは抜かないでやったほうがいい。パイプの一端が地面で固定されるので、ぐらつかずに作業ができるからだ。

バイスのはさむ部分には、次ページの写真のような修復具（半割り状の鉄）が溶接してある。ただ、可動側に修復具を直接溶接すると、それがくるくる回ってしまい、固定側と角度を合わせるのに手間がかかるので、綱川さんは、次ページ二枚目の写真のようなL字鋼で作った柄に修復具を溶接し、その柄がバイスの腕に沿ってスライドするようにしている。

バイスは、ホームセンターで二〇〇〇～三〇〇〇円で買える。あまり大きくて立派なものだと、重量があるので作業するのに苦労する。多数のパイプを一度に修復するには軽いほうがラクだ。半割の鉄の加工は難しいので、鉄工所などのプロに頼むといいだろう。

「カーブ」を直す

パイプのカーブが変形してしまったのを元の形に直すには、柄の先端に修復用金具を付けたカーブ修復具（ベンダー）を用いる。金具は、半割りパイプをバナナの皮をタテに二分したような形に整形したもの。この二つの金具で変形を直すパイプをはさみ、テコの原理で修復する。

どのパイプもカーブがきれいに揃うようにするには、手本となるパイプを横に置き、それと見比べながら直していく。手本にはハウスの妻側のパイプを抜いて用いる。妻側のパイプは、がっちりと支えられているので変形しづらいからだ。

「折れ曲がり」の修復部分を補強

最後に、折れ曲がりを修復した部分を補強する。修復部は、バイスの力もかかって弱く

綱川さんが考案したパイプ修復用具の一式

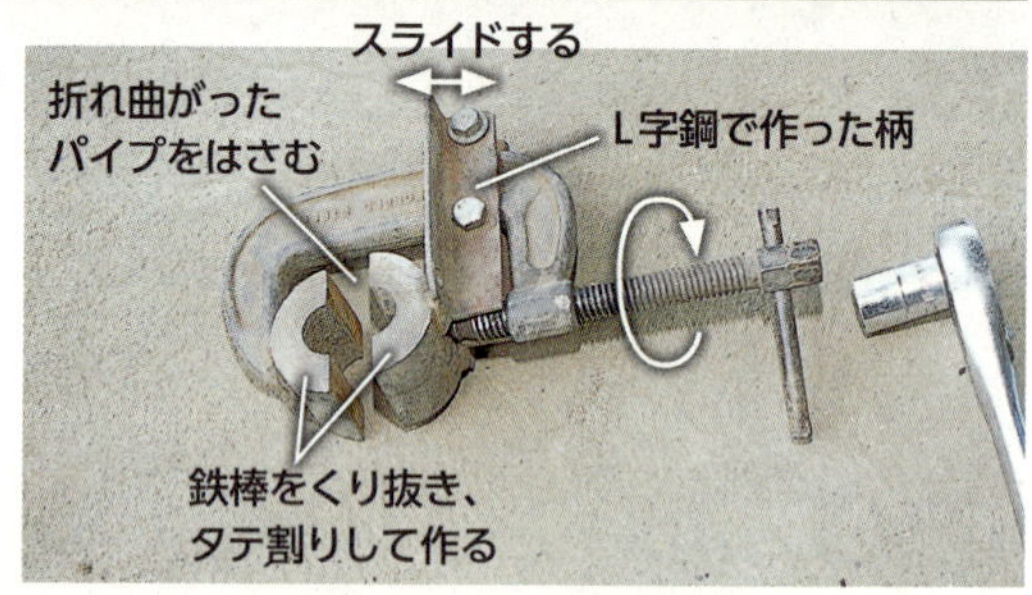

パイプ修復用バイス

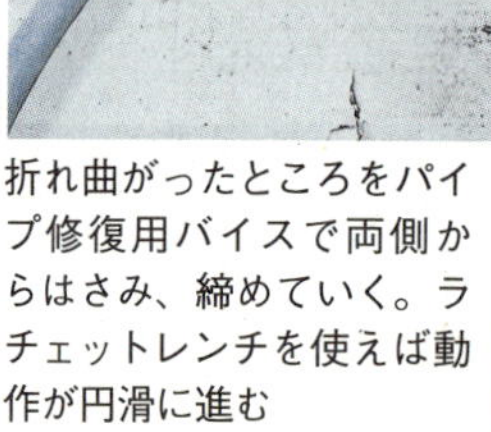

折れ曲がったところをパイプ修復用バイスで両側からはさみ、締めていく。ラチェットレンチを使えば動作が円滑に進む

バイスに溶接する修復具の作り方

（鉄工所などのプロに頼むといい）

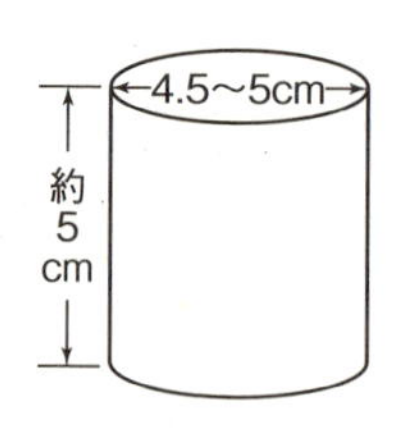

①直径4.5 〜 5cm、長さ5cmほどの鉄棒（円柱）を用意

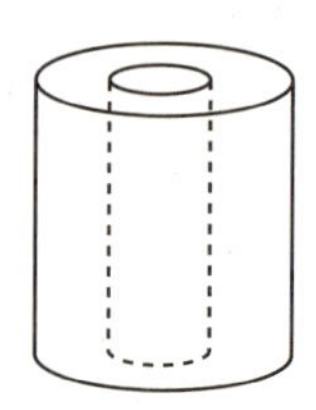

②旋盤を使って中心部分をパイプの外径に合わせてくり抜く（外径22mmのパイプなら同じ22mmに）

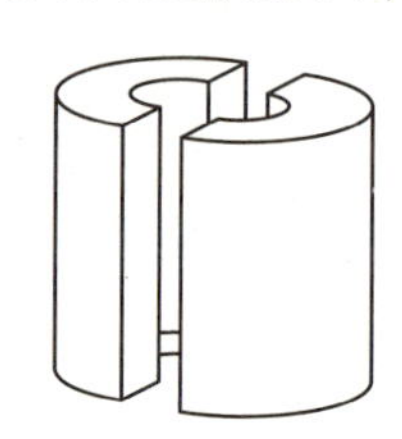

③タテに半分に割る

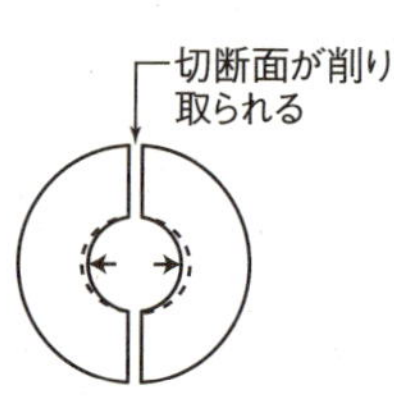

④タテ割りにしたときに切断面が削り取られるので、2つ合わせたときにまん中になるよう、内側を削る（点線部）

なっている。そこにひとまわり大きなパイプをはめ込んで補強する。

まず、修復したパイプの外側にすっぽりはまる内径で、長さ五〇〜六〇㎜のパイプを用意する。これを修復パイプの端からすべり込ませて、折れ曲がりを直した部分まで持ってくる。カーブしている部分は動きが悪いので、ハンマーでたたいて移動。折れ曲がりの修復部分にきたら、しっかりと打ち込んで固定する。

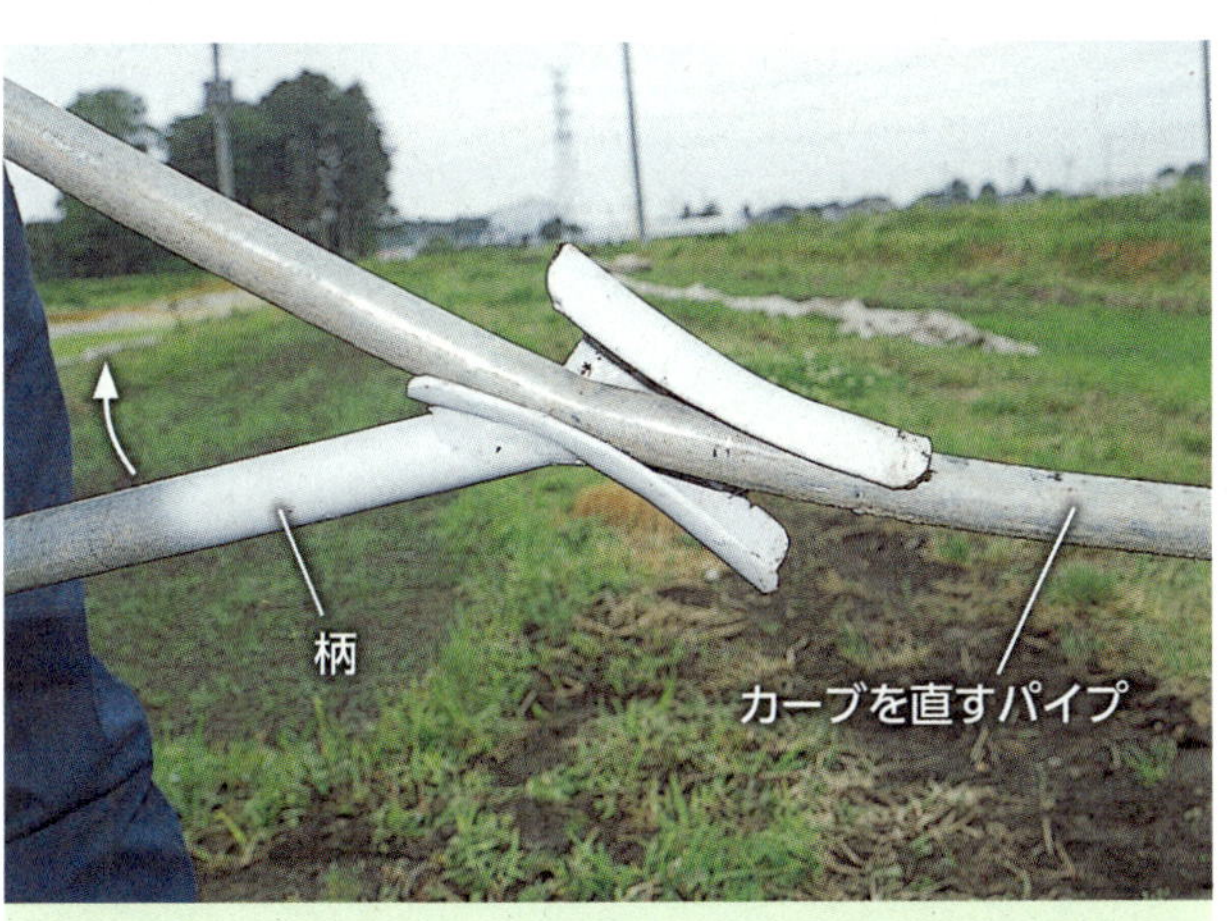

柄を持ち上げ、テコの原理で少しずつパイプのカーブを修復していく

補強用の鉄板

2つ割りにしたパイプを湾曲させて溶接。パイプをはさめるように間をあける

カーブ修復具は、長さ12㎝ほど、厚さ3mm以上で、直すパイプより径が大きいパイプを2つに割って作る。ハンマーなどでたたいてバナナのように湾曲させてから、間に鉄板をはさみ、柄にするパイプに溶接

バナナ状に曲げるコツ

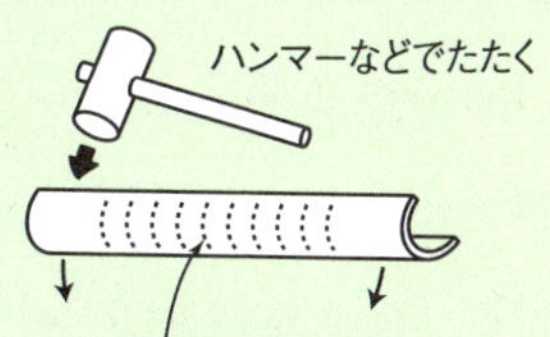

パイプの端から補強用パイプをはめる。
カーブのところはハンマーでたたいて押し込む

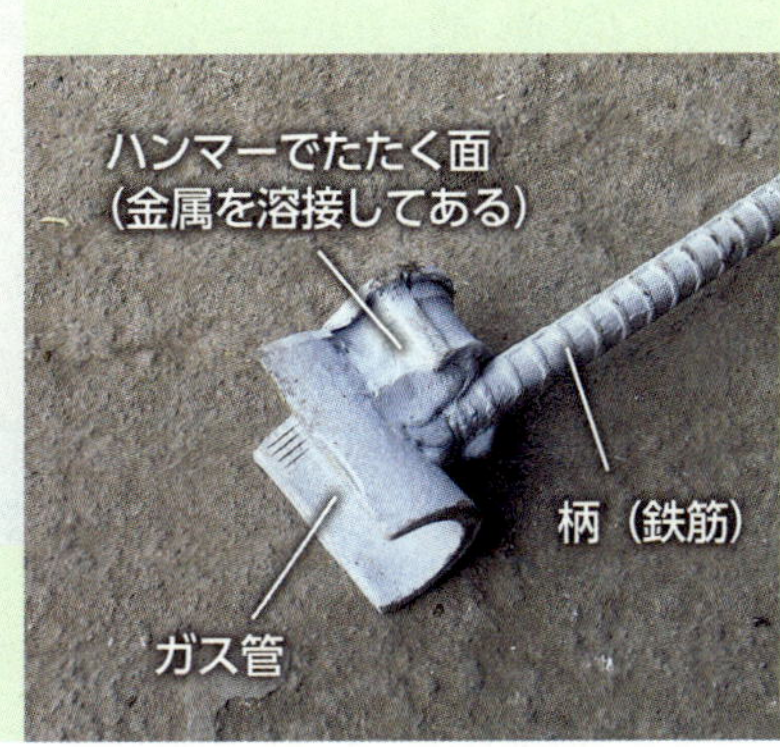

ガス管を半割りにして作った当て具

補強用パイプをハンマーで打つときには、指を打たないように注意。それには、ガス管を半割りにして柄を付けたものを当て具にするとよい。

（地域資源研究会）

現代農業二〇〇五年八月号
壊れたハウスを修繕
曲がったパイプを建ったまま直す

補修をすませたイネの育苗ハウス。留め金具の上の部分が折れ曲がったので、そこを修復して補強パイプをつけてある

曲がったパイプをラクに伸ばす

鉄パイプ修正器

愛媛県宇和島市　赤松保孝さん（編集部）

イチゴの簡易高設育苗棚「るんるんベンチ」でおなじみの赤松保孝さん。棚をつくるためのパイプは、古くなったパイプハウスのものを使う。そこで活躍するのが、自作の鉄パイプ修正器。曲げるも伸ばすも自由自在で、真っすぐのパイプを曲げたいときは写真のように左に。曲がったものを伸ばすときは右に力をかける。

現代農業二〇一二年十一月号
曲がったパイプをラクに伸ばす
鉄パイプ修正器

片付けに役立つ

パイプ抜き器「ぬい太郎」

(株)サンエー

果菜類や花卉類を栽培するための支柱、ビニールハウスのパイプ……。地面にしっかりと差し込まれたこうしたパイプは、いざ抜こうとするとたいへんな重労働を強いられます。

そんなときに役立つのがパイプ抜き器「ぬい太郎」。テコの原理を利用して、少ない労力で大きなパワー(三五〇kg)を発揮します。長年立てたままで土中に固く締め付けられているパイプでも、立ったままの作業でラクに引き抜くことができ、腰への負担が軽減されます。

価格(税別)＝一万九七〇〇円。

(滋賀県草津市新浜町四三一―三　TEL〇七七―五六九―〇三三三　FAX〇七七―五六九―〇三三六)

現代農業二〇〇三年九月号
パイプ抜き器「ぬい太郎」

ぬい太郎GP－32sテコの原理で、引き抜く力は350kg！
適用パイプの直径は13、16、19、22、25、32㎜

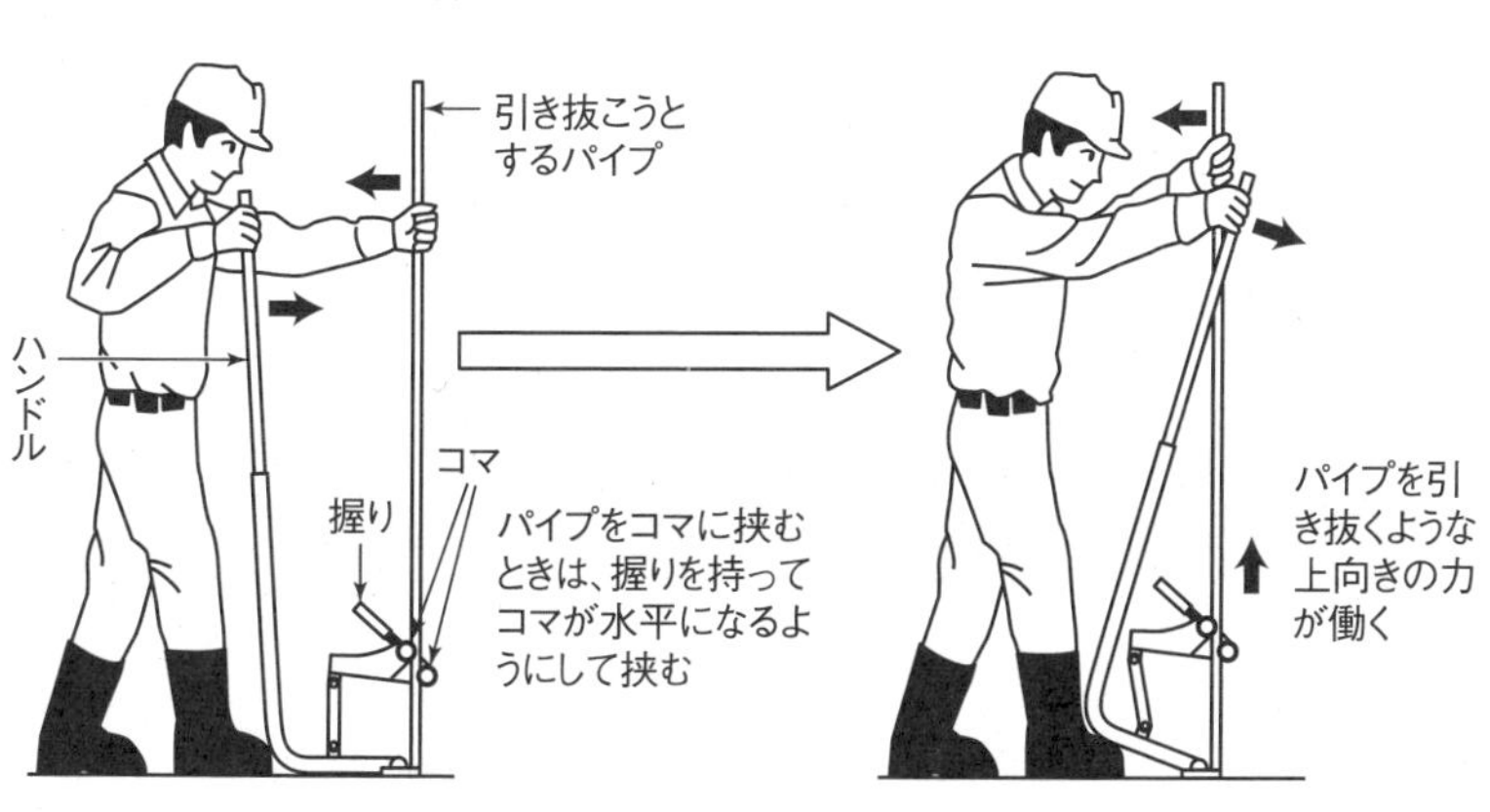

壊れたハウスの解体に便利

パイプ留めフックの解放具「ときたろう」

熊本県球磨郡あさぎり町　蔵座豊躬

「ときたろう」を使えば、身長156cmの次男の嫁でもラクにパイプ留めフック（ワンタッチバンド）をはずせます。パイプ径19mm・22mm・25mmの3タイプがある

はずしにくいワンタッチバンド

かつて、パイプハウスを利用して葉ワサビづくりをしていたときのこと。ワンタッチバンド（アーチパイプと直管パイプを留めるフック）をはずすのに苦労しまして、「なんとかならないだろうか」というわたしのなかのズボラ虫が動き出しました。それで生まれたのが、このワンタッチバンド解放具「ときたろう」（現在は製造中止）です。

構造は単純だが、簡単にはずせる

構造は見たとおり単純なもの。パイプハウスの骨材を取っ手に利用し、その先端に、写真のような形状に加工した二枚のアングル材（L型）を接合しました。この斜めに切ったアングル材でワンタッチバンドを押し開くようにすると、バンドはじつに簡単にはずれるのです。

組み立てて時間のたったハウスほど、ワンタッチバンドはパイプにガッチリからんでいます。鋼線でできているので、ドライバーなどの工具ではずそうとすると強烈なはじきを受けて、思わぬケガをしかねません。かといって大きな工具は邪魔になるし、上を向きな

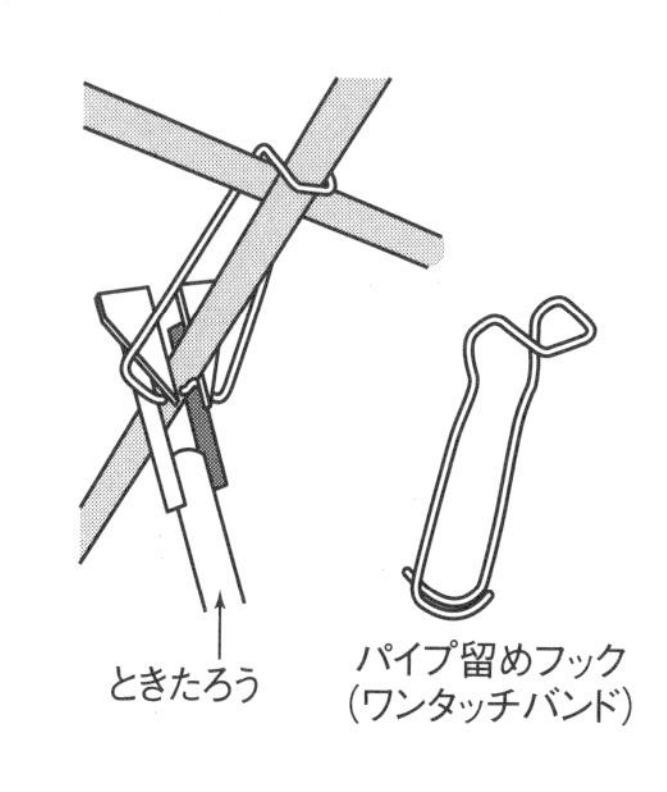

押しても引いても使える両用タイプ

引いて使う標準タイプ

がら使うのは疲れます。天井部の高いところでは踏み台も必要です。

一〇〇mをわずか一〇分

風雪害に備えようと思えば、ワンタッチバンドの数を増やしてハウスの強度を高めておくのに越したことはありません。しかし、はずすときのことを考えると、それは、パイプだけでなく自分の首も絞めるような気がしてくるもの。強度対策もギリギリの線で手を打とうと考えるのもやむをえないことなのです。その点「ときたろう」を使えば、はずしていくだけなら一〇〇mやるのに一〇分もかかりません。

二つのタイプ

「ときたろう」には、引いて使うタイプと押しても引いても使えるタイプの二種類がありますが、引いて使うタイプが一本あればたいていは間に合うでしょう。なくすことがない限り、二〇~三〇年は使えるものだと思っています。自分でいうのもなんですが、これほど素晴らしい道具はありません。

現代農業二〇〇五年八月号
壊れたハウスの解体に便利

ハウスの足だけ折れたら

さびたハウスの足パイプは、強風に弱い。もしも台風時にパイプハウスの足が何本も折れたら……? ハウスを解体して建て直さなくても、折れた部分をカットして、代わりにひとまわり太いパイプをはかせれば、ハウスを建てっぱなしで修繕できるという。写真は一九㎜の足を二二㎜の土台パイプに挿し込んだもの。熊本県菊池市の上田功さんの工夫。編

現代農業二〇〇五年八月号
ハウスの足だけ折れたら

補修テープの選び方・貼り方の極意

熊本県宇城市　高木理有さん（編集部）

高木さんが持っている補修テープ。①テキナシテープ（シーアイ化成）、②キリバリテープ（みかど化工）、③クリンテートテープ（サンテーラ）、④はろうぱいおらん（ダイヤテックス）、⑤ノービパッチテープ（日東電工）

大きく分けると二種類

「補修テープはものによって全然違う。みんな気にしちゃいないけど、選び方にはこだわるべきだよ」というのは、ミニトマトをつくる高木理有さん。

高木さんによれば、補修テープは耐久性の違いで二種類に分けられる。一つはPOのような何年も使うものに貼る長持ちタイプ。もう一つは一年で張り替えるようなフィルムに貼る短期間タイプ。

二つのタイプは価格も違う。短期間タイプが四〇〇～五〇〇円なのに対し、長持ちタイプは一三〇〇～一四〇〇円と三倍もする。フィルムに合ったテープを選び分ければ、何度も貼り直したり、まだ使えるテープを一年で捨てたり、なんてもったいないことはしなくて済む。

高木さんのお気に入りは？

▼長持ちタイプならシワになりにくい「テキナシテープ」

長持ちさせたいテープ選びで大事なのは貼ったときにシワができにくいこと。シワから水が入ると、作物にボタ落ちして病気の原因になるし、テープの粘着力が落ちてあっという間にはがれる。

今まで使った中でほとんどシワをつくらずに貼れるのはテキナシテープ。厚みがあるから貼るときにテープがよれないのがいい。逆に薄すぎてシワになりやすいのがキリバリテープ。うまく貼れば長持ちするけど、シワなく貼るのが難しい。

▼短期間タイプなら手で切れる「ぱいおらん」

短期間タイプはたいていが薄いから貼るときにシワになりやすい。一年持てばいいから、シワは見逃すとしてもその分貼るときの手軽さを重視する。

たとえば、クリンテートは切るときにカッターが必要だけど、ぱいおらんは手でも切れる。足場が不安定な場所で作業するには手軽さも大事な要素。ノービパッチはペラペラで貼りにくいし、切るときにもカッターがいる。」と、解説しながら、丁寧に張ったばかりのフィルムにわざわざ穴を開けてテープ補修を実演してくれた高木さん。シワができたり、手で切れたり、本当に高木さんの言ったとおりになる。スゴイ。でも気づけばハウスのフィルムは継ぎ接ぎだらけに…。ごめんなさい。

現代農業二〇一二年十一月号
補修テープの選び方・貼り方の極意

高木流　補修テープの貼り方

テープの貼り方にもひと技ある高木さんの方法を教えてもらった

え！切っちゃうの？

高木さん「そうだよ。まず、破れた穴の周りをカッターで切り抜く。これが基本。破れたまま貼ると内側にフィルムの返しが残って、そこに溜まった露が野菜にボタ落ちするからね。病気があっという間に出るよ」

高木さん一押しの「テキナシテープ」。確かにシワなく貼れる

テープの貼り方でハウス内の露の流れ方が変わる

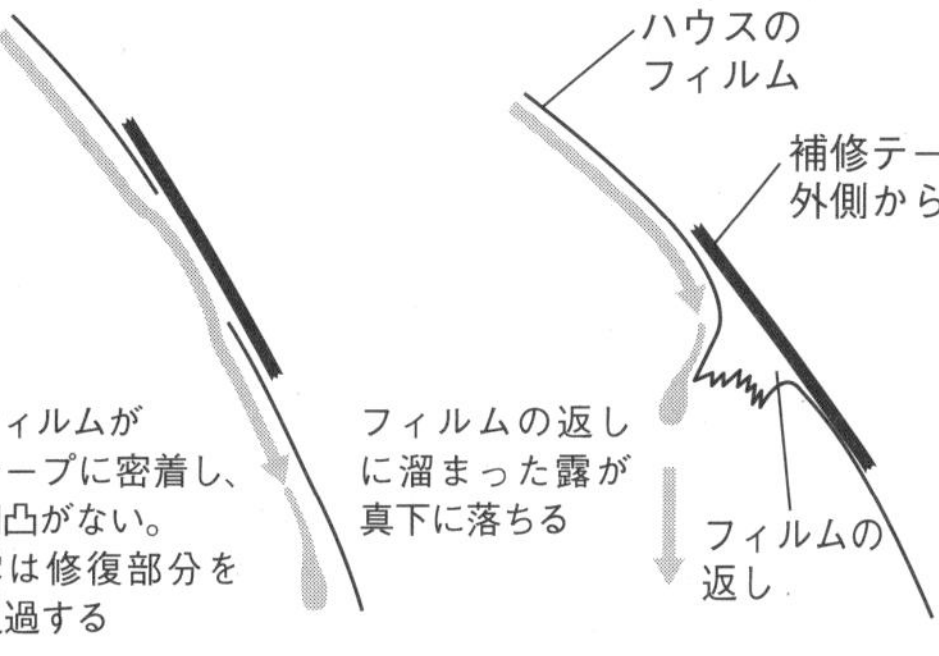

ペンキと軍手でサビかけパイプをリニューアル

同じ雨よけハウスを、もう三〇年以上使い続けている山形県寒河江市のサクランボ農家の菊地堅治郎さん。長持ちの秘訣は、「ペンキでちょちょっとサビ止めしとくだけ」。

サビ止めのタイミングは、パイプのメッキが剥げてぷつぷつとサビが出てきた頃。軍手をはめ、その手にトタン屋根用のペンキをつけて、パイプをなでるように塗っていく。使うのはアクリル性のペンキだが、軍手の下にゴム手袋をはめておくと手が荒れない。これで五年くらいはサビない。　編

現代農業二〇一二年十一月号
ペンキと軍手でサビかけパイプをリニューアル

補修に便利なマイ道具

天井ビニール補修具を使う山口さん

ラクにテープが貼れる
天井ビニール補修具

京都府南丹市　山口正治さん（編集部）

ハウスのビニールをできるだけ長持ちさせたくて、山口さんが昨年（二〇一一年）に作ったというのが次ページの写真の道具。ハウスの天井ビニールと直管パイプとの間に隙間をつくり、補修テープを貼りやすくするものだ。

「ハウスの天井中央の直管とマイカー線が交差するところが、こすれて穴が開きやすい。台風が来る前に小さな破れがないか点検して回るときに使う。脚立に上って、この道具で隙間をつくっておけば、あとは両手が使えるのでラクにテープが貼れる」

七四歳になって、ますますラクで快適になったと喜ぶ山口さんだ。

現代農業二〇一二年十一月号
天井ビニール補修具

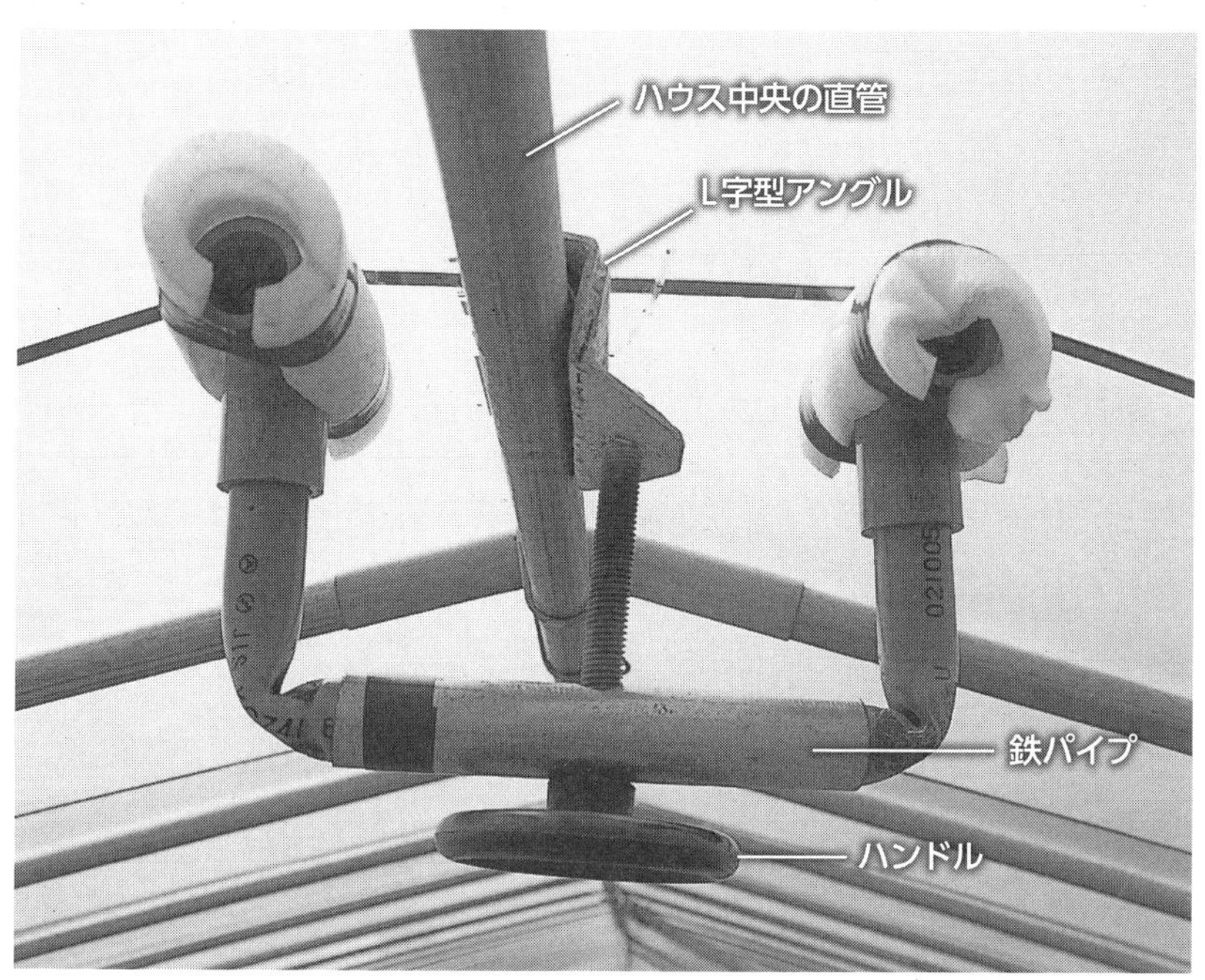

ハウス中央の直管（25㎜）に、L字型アングルをひっかける。アングルには直管を固定しやすいように、25㎜パイプ用ジョイントを半割りしたものが溶接されている（図）。ハンドルを回すと鉄パイプが押し上げられ…

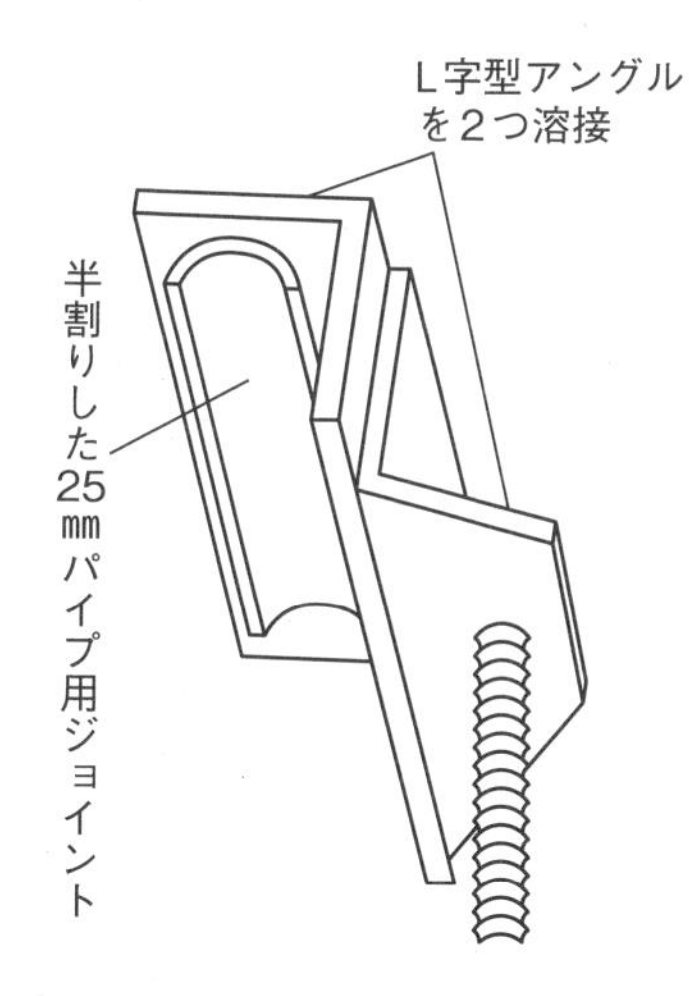

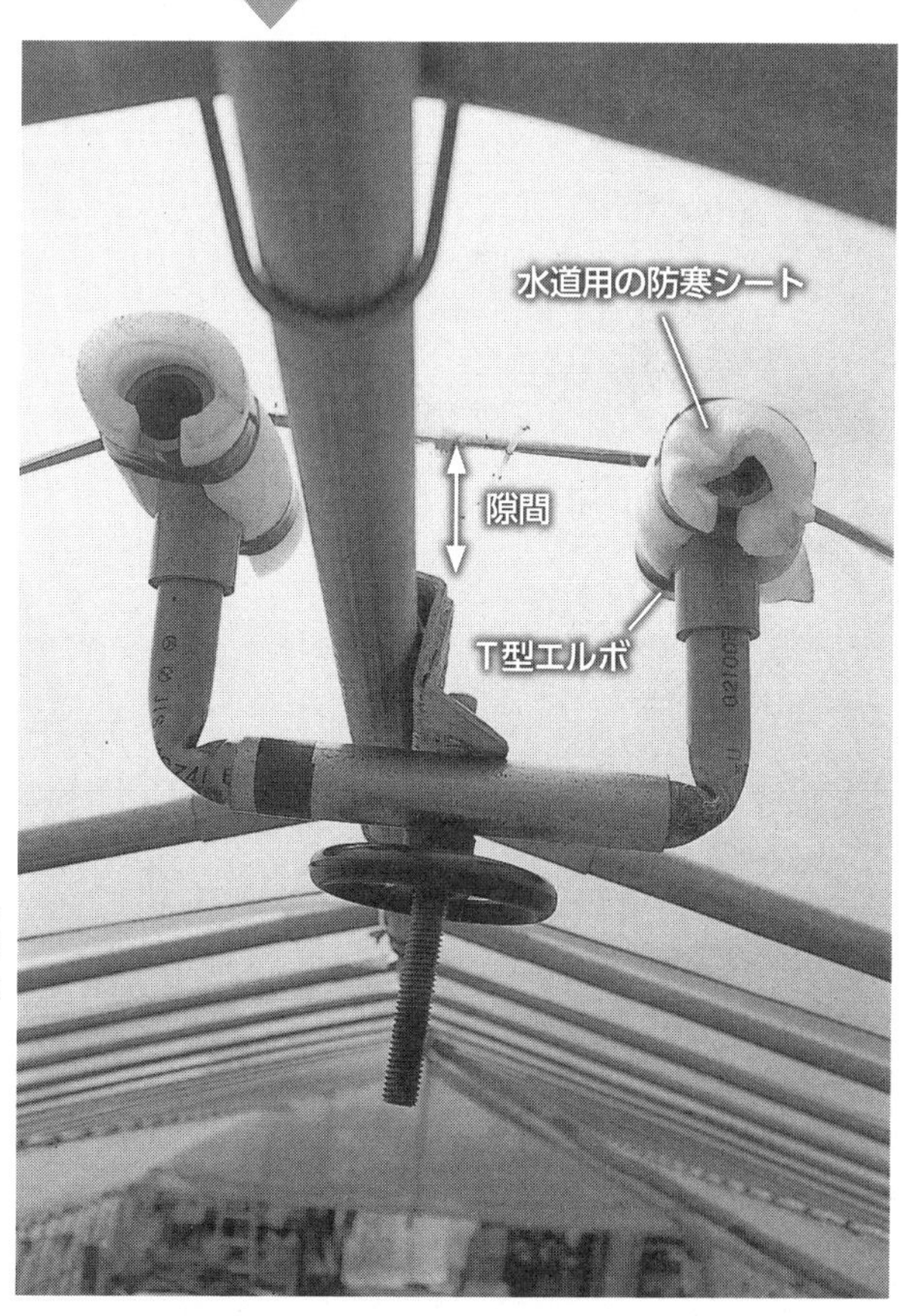

直管とビニールの間に隙間があく。ビニールを押し上げるT型エルボにはビニールが傷まないように水道用の防寒シートが巻いてある

背丈より長くても大丈夫！

パイプ打ち込み器

兵庫県姫路市　山下正範さん（編集部）

背丈よりも大きなパイプを、脚立に上ってハンマーで打ち込んでいくのはかなり大変。山下正範さんも、それで肘を壊してしまったことがある。

以来、長年愛用しているのがこの打ち込み器。鉄製のハンガーレールの上に分厚い鉄板を溶接したもので、パイプをレールのあいだに挟んで使う。打ち込み器を上下にスライドさせれば、上の鉄板がパイプをカンカン打ち込んでくれるという仕組み。

現代農業二〇一二年十一月号　パイプ打ち込み器

この窪みにパイプを挟む。ハンガーレールは、使うパイプの径に合わせて選ぶ

パイプ打ち込み器。地面にパイプを挿し、上下にスライドさせてカンカン打ち込む（写真はともに倉持正実撮影）

サイドビニールをすばやく固定

UFOパッカー

宮崎県西都市　久保浦重廣

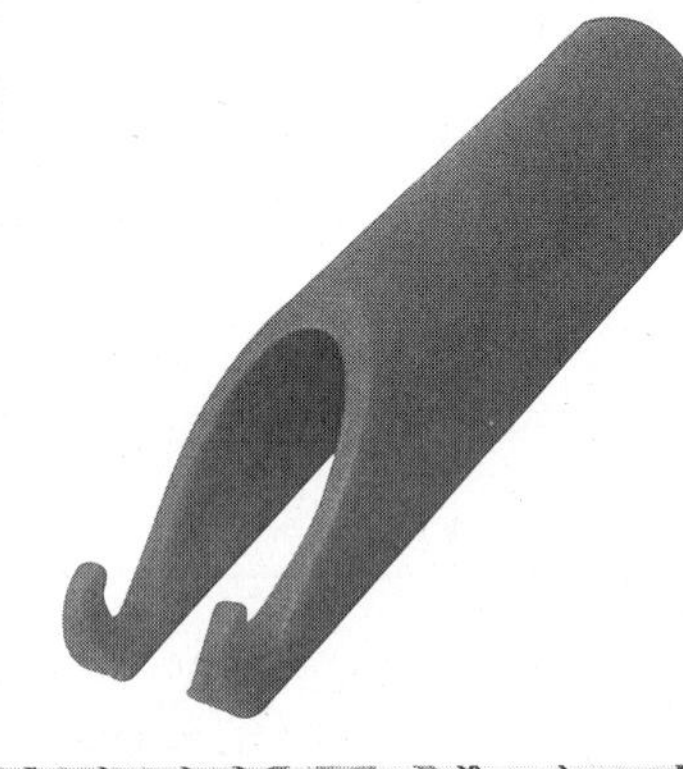

パッカーの端を斜めに切り取ってカギを付けたことにより、サイドのビニールや、ヒモの付いた寒冷紗や防風網を二～三秒で取り付け、固定できるようになった。パイプのどの高さにでも簡単に取り付けられる。また、パイプの反対側からビニール等を固定するから外れにくい。

※問い合わせは、FAX〇九八三―四四―四一五八（クリエイト65）まで

現代農業二〇一二年十一月号　UFOパッカー

Part3
夏涼しく、冬暖かい
ハウスの居心地アップ術

吹き付け遮光剤（91p）

煙を充満させて保温（110p）

夏のハウスを涼しく

熱線をカットする資材いろいろ

熊本県宇城市　高木理有さん（編集部）

白い支柱、白い遮光ネット「クールホワイト」のおかげで高木さんのハウスは涼しくて明るい

涼しい。高木理有さんのミニトマトハウス（三〇a）に入ったときの感想だ。六月上旬とはいえ、本日の熊本の日中気温は三二℃。ちょっと前にほかの人のハウスに入ったら、暑くて汗がダラダラ出てきたのに…。なぜだろう？　見上げると、内張りに白い遮光ネット。循環扇も回っている。そしてなんと、ハウスの柱が全部白い。

白いハウスは涼しい

▼柱を白ペンキで塗る

ハウスを涼しくしようと思ったら白がいちばんよ。このハウスの天井の骨は、もともと樹脂で白く塗られとったばってん、谷の部分に立っとる柱は自分で白いペンキを塗った。普通の柱は熱を吸収して、日中は触られんくらい熱くなるばい。そしてそのあと溜め込んだ熱を放射する。こういった資材からの放射熱が、ハウスの温度を上げる原因になるとよ。ばってん白は熱を反射するから熱くならんですよ。

図1　「光」のうち熱線ってどこ？

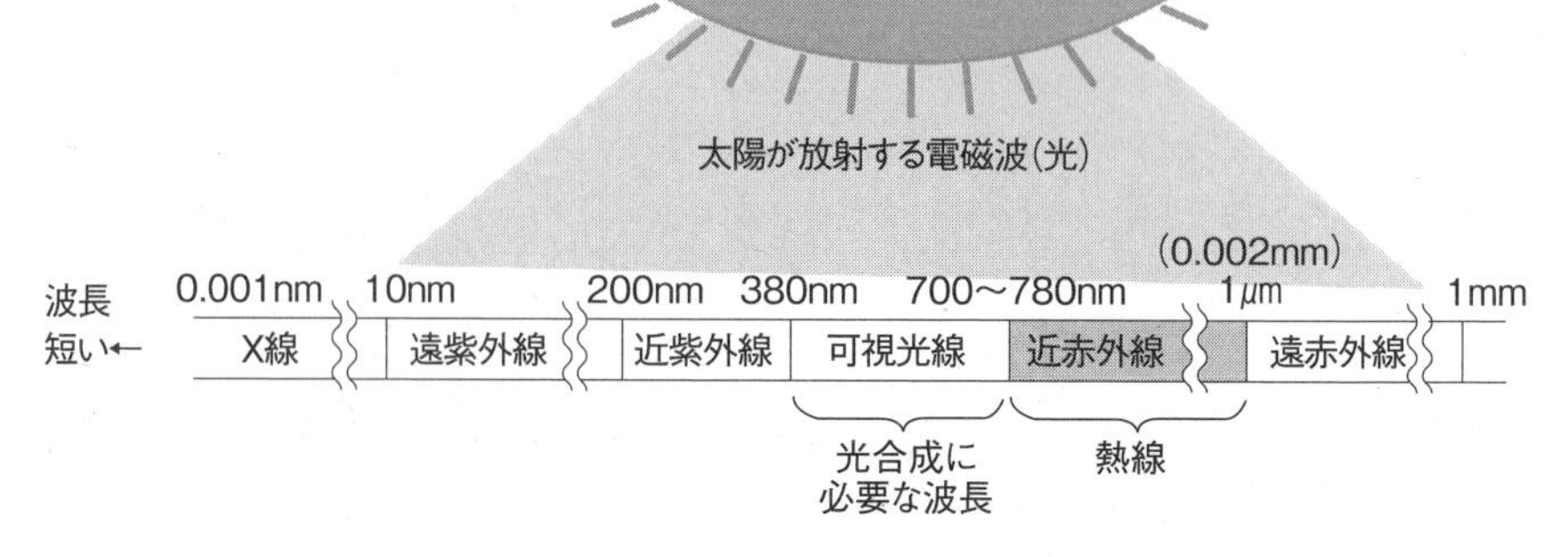

熱線とは、近赤外線のこと。高木さんが遮光する目的は、この熱線部分をカットすること。反対に光合成に必要な可視光線はできるだけ取りこみたい

▼遮光ネットも白

内張りの遮光ネットは「クールホワイト」。白いから黒とかグレーのネットより光は通すんやけど、熱線（赤外線）は反射するから涼しかよ。温度上昇防止剤として酸化チタンとか雲母とかが含まれとるらしくてネット自体も熱くならんとがいい。ハウスが明るくて気持ちもよかよ。

熱線はカットしたいけど光は欲しい

やっぱり暑い時期は、この熱線ちゅうとが問題よ。熱線が地温、ハウスの温度、作物の葉面温度を上げる原因になるたい。なんで遮光するかちゅうたら、熱をカットするためで、光をカットしたいわけやない。光といっても熱線とそうでない部分にわけて考えたらわかりやすいな（図1）。

葉温が三五℃以上になると気孔が閉じるって言われとるやろ。蒸散できんようになって水の吸い上げも悪くなると葉やけしたりするし、当然光合成もにぶって生育が悪くなる。そうならんためにハウスを涼しくするんよ。

ばってん、熱線だけをカットできればいいけど、遮光するとどうしても光合成に必要な光（可視光線）まで減ってしまう。熱線分野はまだまだ研究が進んどらんたい。今、世界中どこのメーカー探しても、その部分だけを大幅にカットできる資材を作っとるとこはなかとよ。早くそういった資材が出てくるといいんやけど…。

図2

一般農PO
メガクール
光の透過率（%）
0 20 40 60 80 100
紫外部 | 光合成有効放射領域 | 近赤外線＝熱線
300 400 500 600 700 800 900 1,000
光の波長（nm）

メガクールをハウスに張ると、熱線部分が大幅にカットされるため、ハウスの中は涼しく、作物も元気。ただ、全体的な光量も減るので冬作には向かない

遮光ネット・温度を下げるフィルム 全体光量も減るから冬には向かない

クールホワイトもよかばってん、今あるハウスの温度を下げる資材の中で優れとるのは、「メガクール」やと思う。熱線を五〇％もカットするフィルムよ（図2）。これを張ったハウスはかなり涼しかよ。それにこれには、徒長を抑えたり、イチゴの花芽分化を促したりするようなちょっとほかのフィルムにはない働きがあるらしい。

ばってん、さっき言ったように熱線部分以外の光もけっこうカットされて全体光量が減るけん、冬は使われんたい。それに一m^2当たり三〇〇円もするけん、なかなか買われんたい。まあ、苗床に使うくらいならいいかなーとも思うばってんね。

吹き付け遮光剤 使い方にちょっとコツ

いちばん手っ取り早く使えるとは、やっぱり吹き付けの遮光剤やろう。「クーラーコート」「レディソルエキストラ」「トランスフィ

白っぽく見えるのがトランスフィクスを吹きかけた部分。遮光剤はこんなふうにアーチの頂上部分にかけるだけで効果は十分

クス」…いろいろあるけど、自分がよく使うのは、トランスフィクスやな。いつでも使えるように、つねに二缶くらいはストックしとる。

　五～一〇倍に薄めて天井フィルム全体に吹き付けるというのが普通の使い方やけど、自分の場合は、七倍でアーチパイプの頂上部分だけにサーッとかける。あまり丁寧にかけすぎると逆に光を遮りすぎてしまわんかと思って。これだと吹き付けにあまり時間がかからんし、量もそんなにいらんよ。

晴れの日は光を抑えたい、雨の日は取り入れたい

トランスフィクスのよかところは、晴れの日と雨の日で遮光率がちがうこと。晴れてビニールが乾燥しとるときは透過率四二％、雨でぬれとるときは八二％になる。おかげで雨のときでもハウスん中は明るかよ。

　ほかの吹き付けは、晴れでも雨でも遮光率は変わらんたい。ただ、トランスフィクスには除去液がないから、一回塗ったら自然に落ちるまで待つか、ブラシでゴシゴシこすらんといけん。秋からちょっと使いたいときには、レディソルとかレディソルエキストラのほうがいいと思う。これには除去液があるから、冬、光が足りんようになったら落とせばよかたい。

　クーラーコートは、もともと工業用に使われとるやつで、素材はほとんどが石灰よ。雨ですぐ流れてしまうけど、値段はものすご安いたい。

散乱光フィルム、梨地フィルム　光がよく当たって光合成促進

ばってん、こういった吹き付けは手軽やけど、光を全体的に減らしてしまうところが欠点よな。熱は散らすけど、作物に当たる光の量は減らさんようにする被覆資材も、いろいろあるとよ。「ソラリック」「ナチュロン」みたいな散乱光フィルムがそれ。

　これはポリエチレンの織物を、ポリエチレンフィルムで上下から覆った三層構造のフィ

トランスフィクスの光線透過率は晴れの日と雨の日でこれだけちがう

晴れの日、フィルムは白っぽい

透過率42％

乾燥すると…

水をかけてみると…

雨の日、フィルムがぬれると透明度が増す

透過率82％

図4　透明フィルム、梨地フィルム下で栽培したカキの光合成速度を比較した結果

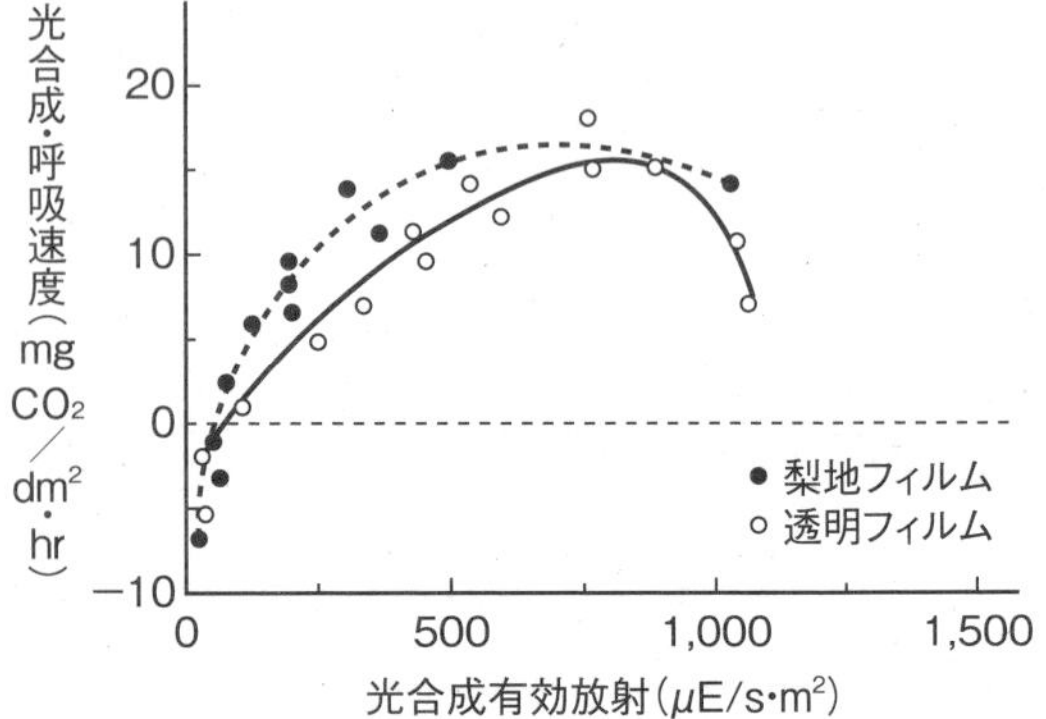

ルムで、この中を通るときに光が屈折・分散して散乱光になるですよ。この割合が多いほどハウスは熱くならんし、光合成もよくできる（図3）。

ほかに梨地タイプのフィルムもよかよ。散乱光フィルムに比べたら値段もお手ごろやし。今までPOにも梨地があるとは知らんかったばってん、「クリンテート」にはそれがあるたい。今度これを内張りに使ってみようと思う。

現代農業二〇〇五年八月号
夏のハウスを涼しく　熱を飛ばす資材いろいろ

図3　透明フィルムと散乱光フィルム・梨地タイプのフィルムを通った光のちがい

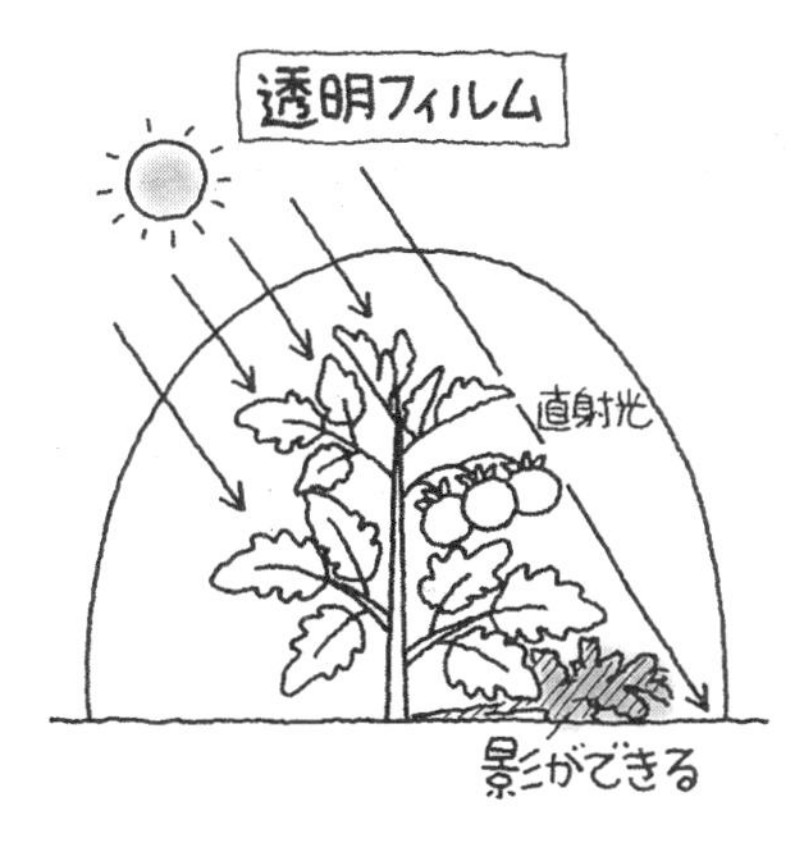

熱線がじかに入ってくるのでハウス温度も葉温も上がりやすい

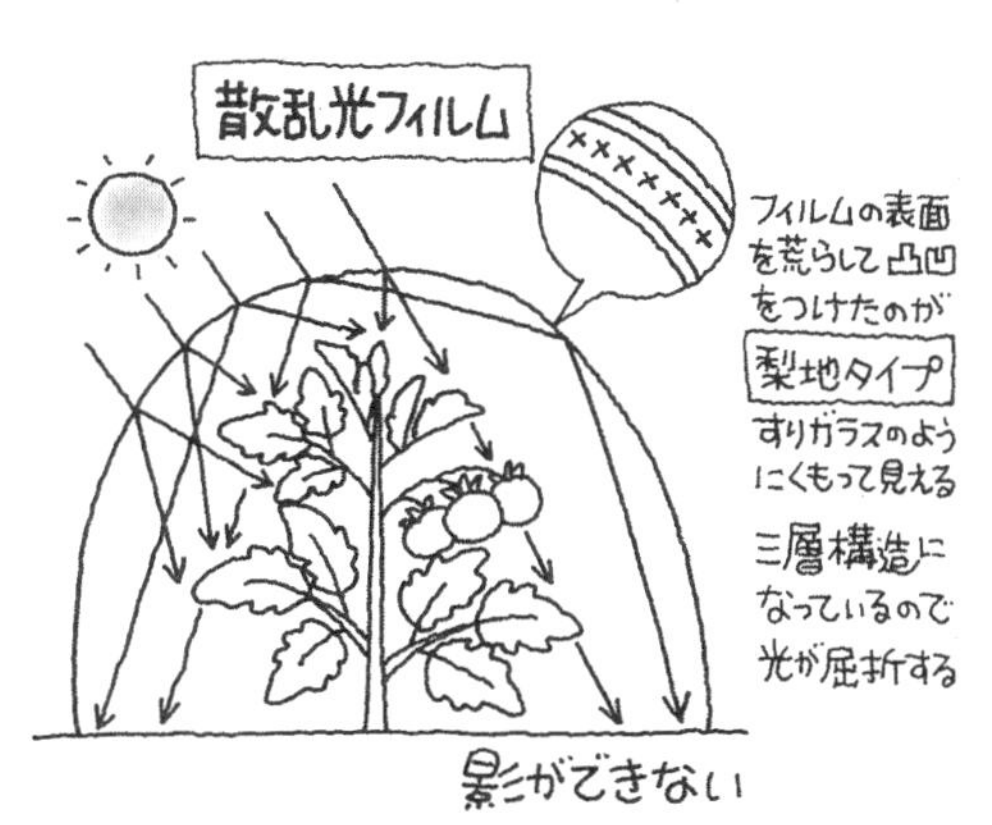

フィルムを通るときに光が屈折・分散されて弱められるので、ハウス温度は上がりにくい。作物にはいろんな角度から光が当たるので光合成量は増える

散乱光とは？

ちなみにフィルムとノートをくっつけると…

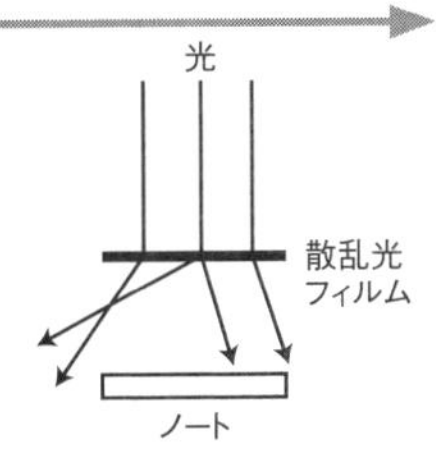

散乱光になっているかどうかは、ノートにフィルムをかざしてみればわかる。図のようにノートに届く光が少ないから散乱光が多いほど、文字は見えにくい

散乱光でもノートに光が届くから、文字が見える

	遮光資材名	メーカー	資材の特徴・使い方など
遮光ネット	クールホワイト	ダイオ化成㈱	熱線はカットし、光は透過する
熱線カットフィルム	メガクール	三菱樹脂アグリドリーム㈱	熱線50%カット
吹き付け遮光剤	トランスフィクス	兼弥産業㈱	晴天時と雨天時で遮光率がかわる
	レディソルエキストラ	マルデンクロージャパン㈱	希釈倍率によって遮光率がかわる
	ファインシェード	アキレス㈱	約8倍希釈で20～30%遮光
	クーラーコート	大同塗料㈱	雨で流れやすいが、価格が安い
散乱光フィルム	ソラリック	㈲興里	散光率70%、透明感なし
	ナチュロン	兼弥産業㈱	散光率32%、透明感あり
梨地タイプのPO	クリンテート	サンテーラ㈱	散光率65%、透明感なし

「防風ネット」で暑さ対策、流行中

熊本県玉名市　田上輝行さん（編集部）

熊本県玉名市では、五月の連休ころになると、青いハウスがあちこちに現われる。じつはこれ、ハウスを防風ネットで覆っているのだ。べつに台風が来ているわけではないのに…。

ここ数年、ＪＡのミニトマト部会では、暑さ対策として防風ネットを使う人が急速に増え、部会の半分くらいの農家が取り入れているという。

ハウスに防風ネットを張っているところ。これでハウスの中はだいぶ涼しくなる。ネットを張るのは9月下旬に定植してから2～3週間と、翌年5月上旬から最後の7月まで

台風対策と暑さ対策と一石二鳥

田上輝行さんも、いち早く防風ネットを暑さ対策に使い始めたひとり。

「最近は五月過ぎてから、十月半ばまでは暑かです。日中はもうハウスに入られんくらい。でも、防風ネットを張っておくとだいぶ違いますね。風のない日は、外より涼しいと感じることもありますよ。実際に温度を測ったことはなかですけど、おそらく三～四℃は違うんじゃないかな」

ここ熊本は台風銀座。防風ネットを張っておけば風速三〇ｍくらいなら、ビニールを外さなくてもすむ。田上さんも最初は台風対策として使っていた防風ネットだが、いまでは暑さ対策にも使えて一石二鳥というわけだ。

活着が目に見えて違う

田上さんは以前、こんな経験をした。七年ほど前、まだタバココナジラミが媒介する黄化葉巻病が問題になっていなかったころ、定植は八月のお盆過ぎだった（いまは九月下旬の定植）。ハウスのビニールはすべて外して定植していたのだが、二〇ａあるハウスの半分に、以前買っておいた一〇ａ分の防風ネットを風対策としてかけたことがある。

かけないハウスは活着するのに一週間以上。かけたハウスは四～五日してすぐに葉水が上がってきた。風が強かったわけではないから、遮光による温度の違いとしか考えられない。これだけ差が出るのであればと、田上さんは翌年から二〇ａすべてのハウスに防風ネットを張るようにした。

一段目から収穫できればネット代三〇万円は高くない

活着に一週間以上かかると、一段目の花が咲いた後、樹勢が極端に弱くなる。一段目は花を全部摘まないと、樹勢回復できないほどだ。でも、防風ネットを張るようになってからは、活着がスムーズで初期の樹勢も落ちない。一段目から収穫できれば一〇ａで三〇～四〇万円違ってくる。

ネットの値段は一〇ａ当たりで三〇万円くらい。かなり経費がかかるようにも思うが、一段目からしっかりとれれば一年で元はとれる計算だ。しかも一〇年以上は使えるので、長い目で見れば、さほど高くはないのだ。

現代農業二〇〇七年八月号「防風ネット」で暑さ対策、はやってます

遮光資材は太陽や風の向きに合わせてコントロール

高知県高知市　熊澤秀治

真夏でもホウレンソウはできる

三〇℃以上になるとホウレンソウは生育しないといわれていますが、高知では夏場、三七～三八℃にもなります。夏場にハウスでのホウレンソウ栽培を実現するには、さまざまな条件が必要だと思います。「畑の表面は乾燥しやすいけれど地下水が供給されやすい土壌」「日陰が少なく風通しがいい立地条件やハウスの基本設計」等々…。

これらの中で工夫の余地があるのがハウスの基本設計です。高知ではハウスを新築するときには夏場を基本と考えて設計します。もっとも重視するのが「風通し」。天窓、サイド巻き上げ、妻窓など開閉できるところはコストの許す限り徹底的に開閉式にします。

次に重要なのが「遮光資材」です。今回はアーチを使って巻き上げる遮光資材について触れたいと思います。

遮光資材は反射系がいい

巻き上げる（主に手動）ためには遮光資材の厚みができるだけ薄いものが適します。また遮光資材は「反射系」「吸収系」の二種類ありますが、私は反射系を勧めます。黒色の遮光資材（吸収系）はそれ自体が熱を持ってしまい、結果的にハウス内の温度を上げる要因になるためです。

ハウス内の空気の循環や作業性を考えると、やはり白色のネット状のものがいいと思います。私は遮光率六〇％の「ふあっとホワイト」（誠和）を使っています。

遮光資材は、曇りや雨天の時期にかけっぱなしにしておくと、とくに葉物野菜は徒長しやすいのですが、白色であればそれほど神経質にならなくてもいいと思います。また、アルミ蒸着させたものよりも白色のものが扱いやすいうえに長持ちします。現在市販されている遮光資材の中で、デュポンの「タイベック」が性能的には圧倒的に優れていますが、コストを考えると使いにくいのが難点です。

ハウス上部の熱気を抜いてやる

夏場のハウス内でもっとも温度が上がる場所は、ハウスの被覆と遮光資材との間です。その周辺の熱気をいかにして抜くか？　これが重要です。熱気を抜くには、まずその出口を確保し、外気（風）の導入を図ること。私は熱気を抜いて風を通すため、日射の方向、風向きによって、遮光資材を細かくコントロールしています（上図）。ほんの少しの差かもしれませんが、これらの積み重ねで、最終的な出来栄えは決定的に違ってきます。

現代農業二〇〇七年八月号
遮光資材は太陽の向きに合わせてコントロール

遮光資材の使い方

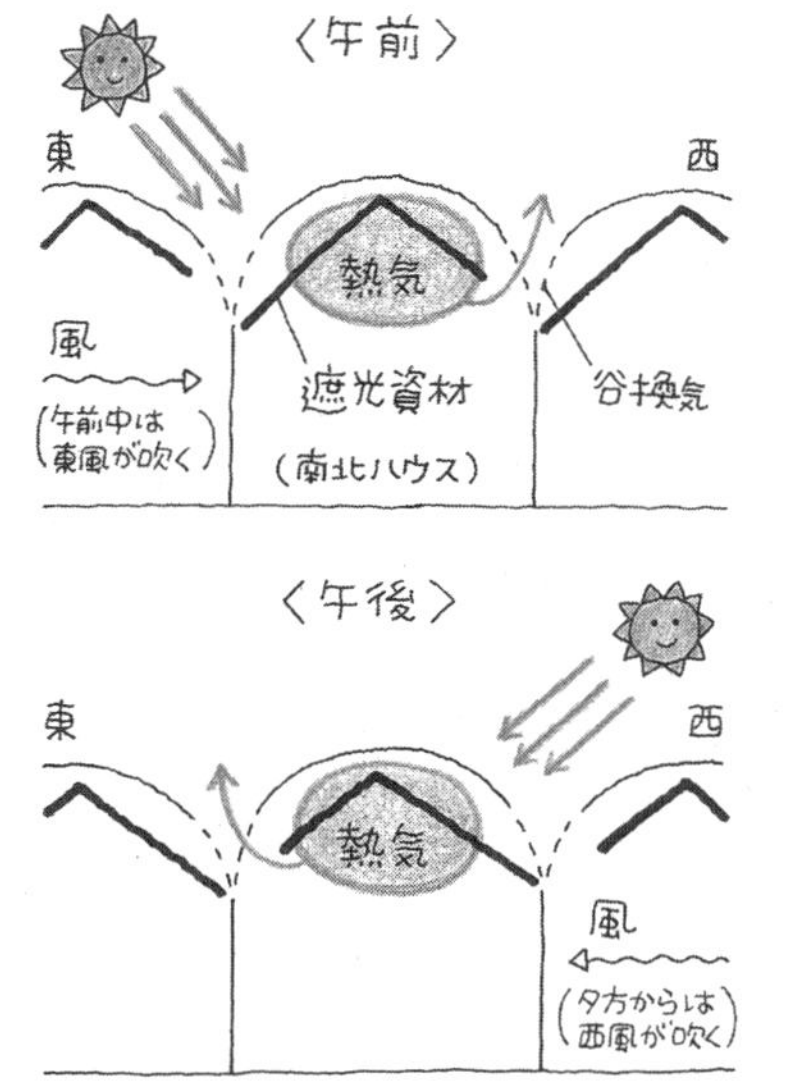

遮光資材は午前中、西側を少し開け、ハウス上部に溜まる熱気の逃げ道をつくる。正午は全面閉めて、午後は逆に。開ける大きさは最小5cm～最大1m50cmくらいまで。日射量や作目の状況で判断。少し開けるだけで風の通りはかなり変わる

注目の遮熱フィルムを使う

メガクール

熱を遮断、作物に必要な光だけ透す

竹村康彦　三菱樹脂アグリドリーム㈱

夏場のハウス内は暑く、作物栽培には適さない厳しい環境だ。しかし、秋以降の栽培準備は必要で、なかでも苗づくりは最も重要な作業である。九州や四国、本州の各産地では、イチゴやトマトなどを夏場に育苗する作型が多く、暑さ対策が大きな課題となっている。

通常は〝遮光〟を行ないハウス内の温度上昇を防いでいるが、近年〝遮熱〟資材が登場し注目を集めている。三菱樹脂アグリドリーム㈱が発売する「メガクール」は、太陽光のうち熱線と呼ばれる遠赤色光をより多くカットし、作物が必要とする可視光はあまりカットしない（図1）。つまり「作物に必要な光はよく入るが地温や植物体温は上がりにくい」という状況をつくりだし、ハウス内の作物にとっては理想的な環境をつくる。また、赤色光（R）と遠赤色光（FR）の比率（R／FR比）が大きいため徒長を防ぐ効果がある。

この資材を二〇〇四年より育苗ハウスに使い始め、イチゴで素晴らしい成果を上げている長嶋明さんに、その使いこなしの秘訣を聞いた。

メガクール（フィルム）を張ったパイプハウス
写真提供：三菱樹脂アグリドリーム㈱

レタス育苗での事例（8月・茨城県）

メガクール区は首が伸びないでガッチリした苗ができている

▲通常雨除け管理対照区

◀メガクール区

写真提供：三菱樹脂アグリドリーム㈱

育苗が安定すると、イチゴの収量も安定する

栃木県さくら市・長嶋明さん談

夏の暑さで苗が枯れたので購入

平成十六年の夏は猛暑で、六月下旬に採苗した苗が暑さで活着せずにポットのなかで枯れてしまいました。どうしたらよいものか農業資材販売店の大村商店に相談したところメガクールを薦められ、急遽二棟あるウォーター夜冷育苗ハウスのうちの一棟に張りました。結果、根量が多くクラウンの太いしっかりとした苗ができ、九月三日に定植し、十一月十五日から収穫を始めました。メガクールを使って育苗した苗を定植したハウスでは、とりわけ収穫開始が早まったわけではないが、収穫量の谷間が少なくなり結果的に通常の苗よりも二〇％増収になりました。その

年は全体の平均でも反収八tを達成できました。以来、毎年苗のハウスにメガクールを使っています。

メガクールを使った苗は収量の波がない

図2は、平成十六年から今年（十九年）までの毎週の収穫量です。黒い線が八tのラインですから、各週がこれ以上いけば八t達成します。平成十六年は半分がメガクールで半分が通常、平成十七年以降はすべてメガクールで育苗しています。見てのとおり、メガクールを使うと収量の波が小さくなり三月以降の収量があまり落ちない。全国的には平成十七年が豊作、十八年が不作、十九年がやや不作ときていますが、おかげさまで私は毎年安定した収量を上げることができています。

定植一〇日前に根の酸欠予防と定植後の発根促進のために鉢もみを行ないますが、その時に根の量や質を確認します。メガクールを使用した苗は根量が多くクラウンの太い理想的な苗になっています。やはり栽培の基本は土づくりと苗づくり。根量が多いしっかりとした苗をつくることが後半の収量を維持するためのポイントだと私は思います。

育苗時のかん水は少なめに

メガクールのカタログにも書いてあるとおり、かん水量には注意が必要です。温度が上がらないせいか蒸散蒸発が少なく、通常よりも培地が乾きにくくなるので、従来よりもかん水量を減らして節水管理します。

ポット温度はメガクールのほうが上がりに

図1　メガクールの光線透過特性

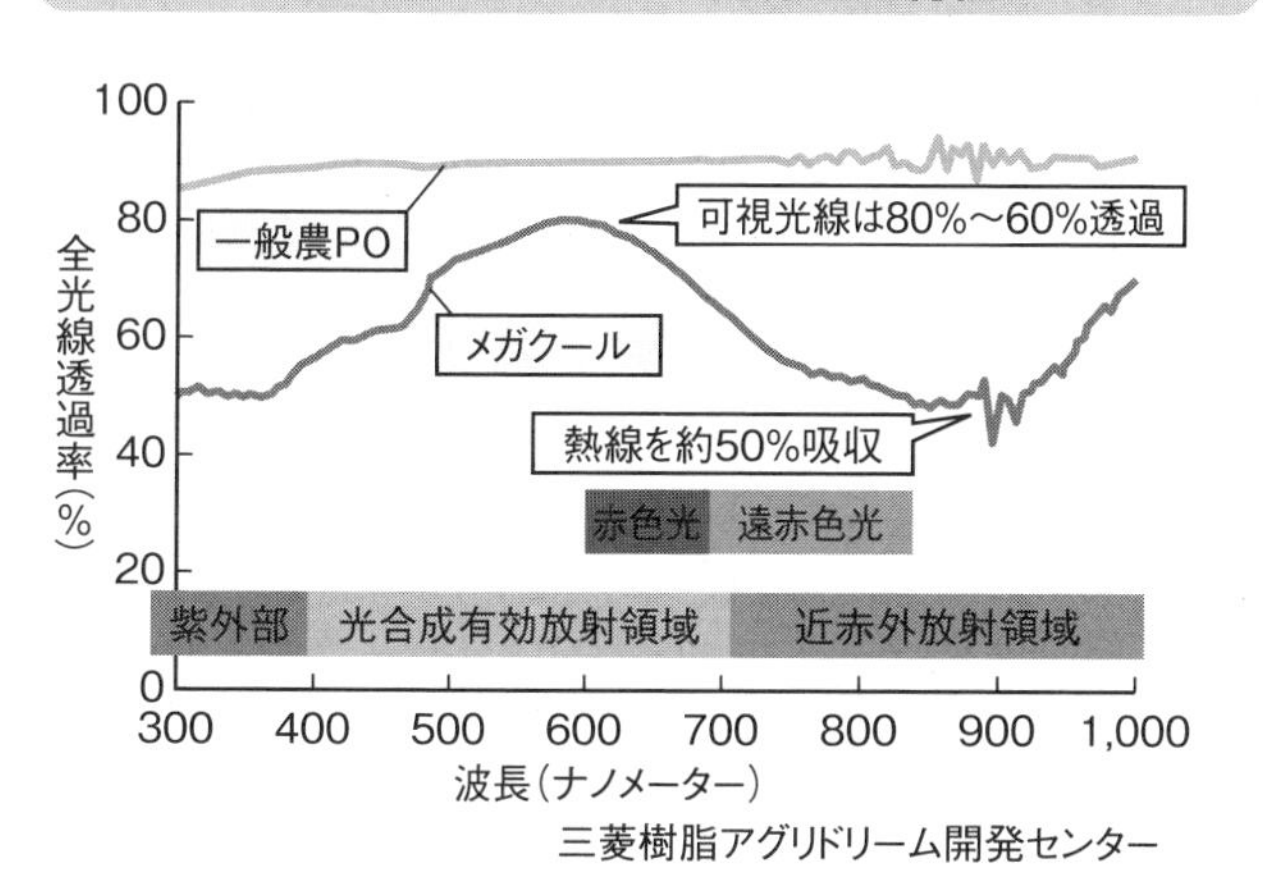

三菱樹脂アグリドリーム開発センター

図2　長嶋さんが自分で記録している収量データ

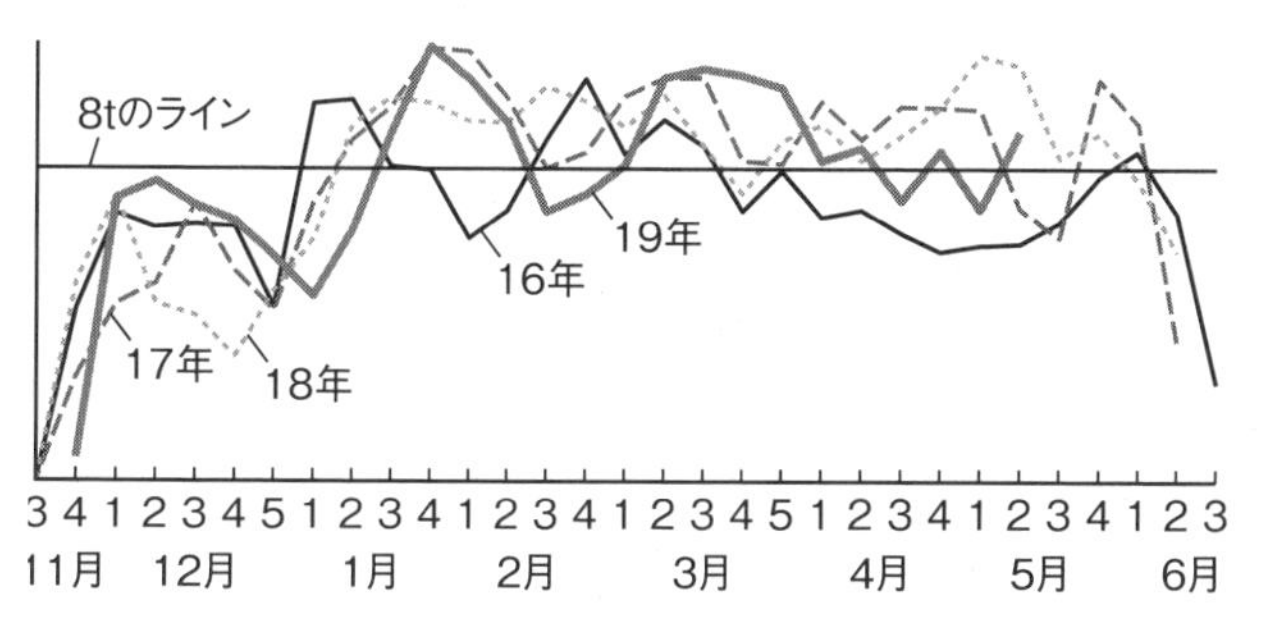

メガクールを使い始めた平成17年からは、3月以降の収量が落ち込まなくなった

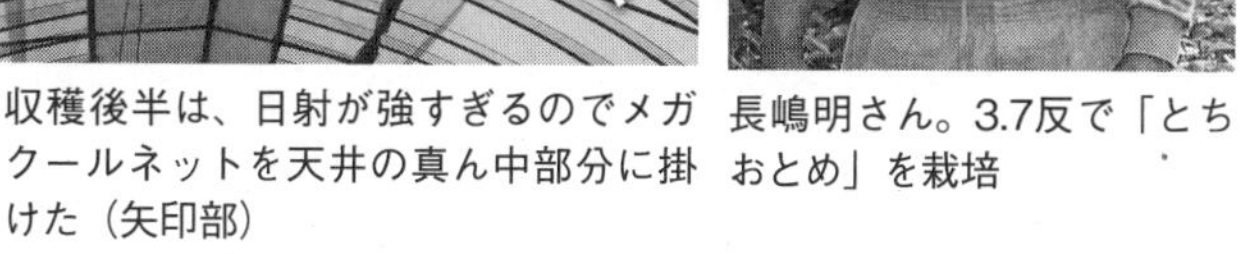

収穫後半は、日射が強すぎるのでメガクールネットを天井の真ん中部分に掛けた（矢印部）

長嶋明さん。3.7反で「とちおとめ」を栽培

写真提供：三菱樹脂アグリドリーム㈱

くいので、かん水に注意すれば根腐れを防ぐことができ、根量の多いガッチリとした苗をつくることができます。

ウォーター夜冷育苗ハウスの構造は、農POフィルムの上にメガクールのネットタイプを掛け、その上から日長処理用の遮光フィルムを巻き下ろせるようにしています。ウォーター夜冷は配管を三本にして水膜が均一になるようにしています。八月に入ってからメガクールネット→ウォーター夜冷→短日処理と段階的に組み合わせて使用し、確実な花芽分化を促すようにしています。

あと収穫後半の四月ごろからは、日射が強すぎるため本圃のハウスに遮光材を塗布するのですが、今年はメガクールネットを天井の真ん中部分に掛けています。結果は、まとめてみないと何とも言えませんが、今のところ効果ありそうで楽しみです。使い方しだいでまだまだメガクールの可能性が引き出せるのではないかと考えています。

三菱樹脂アグリドリーム㈱　東京都中央区日本橋本石町一―二―二　三菱樹脂ビル
TEL〇三―三二七九―三二四一

現代農業二〇〇七年八月号
注目の遮熱フィルムを使う

熱線を一〇%遮断、周年使える
とおしま線クール、あすかクール

アキレス㈱　豊田勝敏

「とおしま線クール」を張ったハウス。これで日中は最大4℃ほどハウス内温度が下がる

「とおしま線クール」と「あすかクール」は、太陽光の中で熱線と呼ばれる近赤外線の透過量を特殊白色顔料により一〇%少なくできる遮熱タイプの農ビです。

地温やハウス内温度や葉面温度を二～三℃下げる効果がありますが、夜間の保温効果は通常の農ビと変わりません。

近赤外線（熱線）は物体に当たり発熱する

とおしま線クールと一般農ビの光線透過率の違い

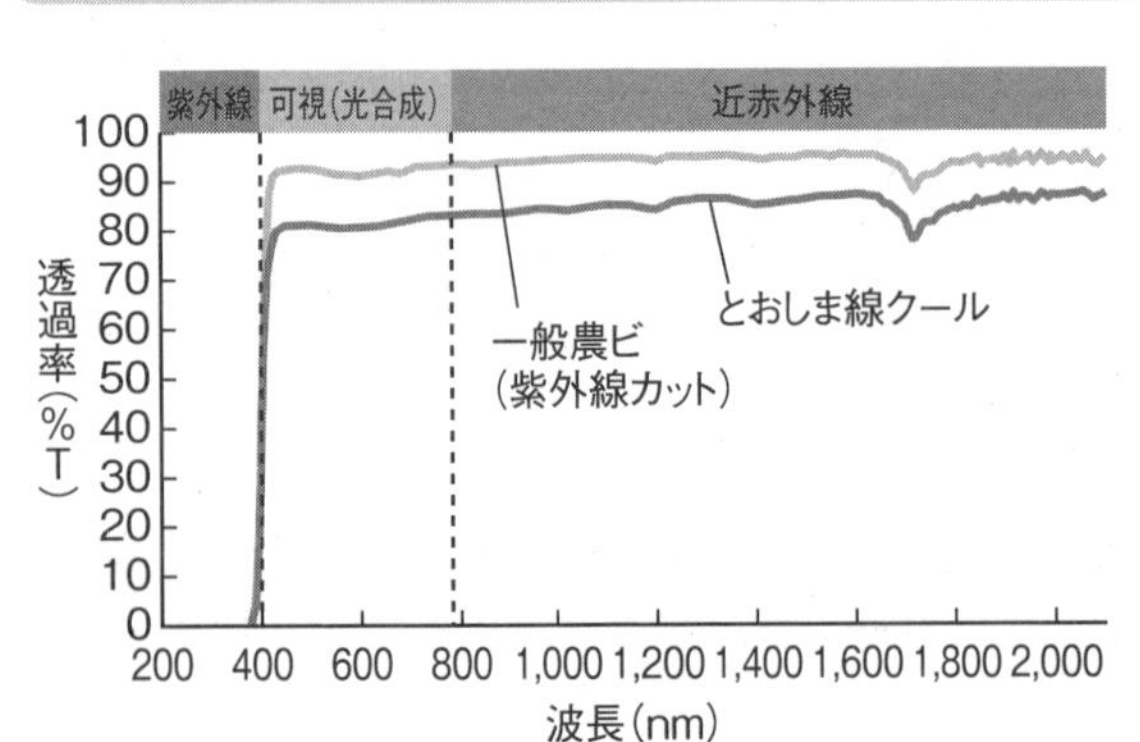

「とおしま線クール」は一般農ビに比べ、熱線といわれる近赤外線の透過率が10%少なくなる（「あすかクール」も同様）

ロベリアの使用例（2007年5月・千葉県）
あすかクール使用区（左）は、葉やけせずに生育した。右は未使用区

熱線のことで、ビニールハウス内では地面・作物・作業者を熱くします。この近赤外線の透過量を下げることで、ハウス内の温度が下がり、換気やかん水の回数も減り、涼しく感じる働きやすいハウス環境をつくり出すことができます。

作物が光合成を行なう最適生育温度は三三℃付近とされ、四〇～四五℃は活動可能な限界温度、さらに高くなると熱死します。ですから、ハウス内が日中四〇℃を超える地区は(冬場でも)、近赤外線により作物の葉面温度が上がり、ストレスとして生育に影響を与えると考えられ、これを抑えることが、秀品率を上げることにつながると考えられます。

今回は遮熱効果に加え、紫外線カット効果も持つ「とおしま線クール」を使い、ニラ栽培で素晴らしい成果を上げている栃木市の荒川昭夫さんに、その取り組みについてお聞きしました。

遮熱効果で夏も冬もニラの秀品率アップ

栃木県栃木市　荒川昭夫さん談

ニラをつくり始めて三〇年になります。五〇mのビニールハウス一三棟で、冬場は一～六月、夏場は七～九月に、年七～八回収穫します。品種は、冬作が「ワンダーグリーンベルト」、夏作が「グリーンロード」。

よいニラの条件は、葉が肉厚で、葉先に張りがあり、色鮮やかで、太くしっかりしたものですが、高温が続くとなかなかいいものがつくれません。そこで、二年前に遮熱農ビ「とおしま線クール」を薦められて導入したのですが、冬・夏と周年通して秀品率がよくなり、作業性もよくなりました。

荒川昭夫さんと奥さんの晴江さん。現在、昭夫さんはJAしもつけ栃木ニラ部会長

ニラでは、冬場の高温が問題に

よいニラをつくるためには、ハウス内の温度調節と換気に気を使います。とくに問題なのは、冬場でも、日中のハウス内温度が四〇℃を超えること。急激に温度が上昇すると、葉やけや表層剥離が出やすく、また、湿度が高いと白斑葉枯病も出やすくなります。かといって換気をして、強い風に煽られると葉に傷ができるので、これらの対策として「とおしま線クール」を導入しました。

冬は保温性もよし、夏は涼しい

実際に使い始めて気づいたことは、ハウス内温度の上昇が抑えられるためか、冬場は小葉刈り後の初期生育が三日ほど遅れるのですが、後半は順調になり、収穫期は遅れませんでした。また、夜温が下がるかと心配しましたが、ほかの施設と変わらず、昼夜の温度差が少なかったことが、かえって高品質につながったのではないかと思います。

また、紫外線カット効果のためか、スリップスの発生が少なくなり、高温で発生する表層剥離も少なく、収穫ロスがなくなったので出荷量も増えました。

外側に見えるビニールが「とおしま線クール」。内張りを半分めくってみたところ

作業性に関しては、冬場でも日中はハウス内温度が四〇℃を超すので、これまではまめに換気をしていましたが、温度が最大四℃くらい下がるので、換気回数が減って、風による葉の傷みも少なくなりました。

収穫作業は、とうぜん夏場は暑く、これまで夏場は遮光ネットを使用していました。ハウス内にネットを掛けると天井が低くなり作業性も悪く、熱がこもって困っていましたが、今は「とおしま線クール」のみで済むので、作業性も経済性もよくなりました。

※「とおしま線クール」の参考価格は、一m^2で一〇〇円。現在、受注生産。「あすかクール」は生産を中止しています。なお、「遮熱資材」としては、遮熱農PO「ハイベールクール」、遮光剤「ファインシェード」を中心に継続販売をしています。詳しくは左記まで。

アキレス(株) 農業資材販売部 東京都新宿区北新宿二―二一―一 新宿フロントタワー
TEL〇三―五三三八―九二八九

現代農業二〇〇七年八月号
注目の遮熱フィルムを使う

スナップエンドウのハウス。光は欲しいが、気温の上がる午後の日差しは遮りたいので北西側半分にゲインズライトを外張り。夏はもう半分も内張りで遮光(赤松富仁撮影)

遮光フィルム+モミガラマルチ

トマトの尻腐れが減る、スナップエンドウが枯れない

千葉県匝瑳市 大木寛さん

昨年の猛暑で大活躍したのが、みかど化工の「ゲインズライト」です。遮光率五〇%の白色半透明のフィルムですが、散乱光のおかげでそれほど暗さは感じません。日傘を差しているような状態で、昨年は真夏の昼のハウスでも快適に作業ができました。以前は寒冷紗を使っていましたが、トマトには光が不足していたように思います。ゲインズライトの下は三万ルクスほど減るので、夏の日差しが一〇万ルクスですから、トマトの生育に必要な七万ルクスは確保できます。抑制作型で尻腐れと果実の二次肥大が減りました。

スナップエンドウは温度の日較差が激しかったり、高温の日が続いたりすると、生長点が黄色くなり、ひどいと株が枯れますが、昨年(二〇一〇年)の猛暑でも九月定植の作型が難なくできました。

夏は遮光に、冬は内張りの保温カーテンとして、ツーシーズンで活躍します。厚さ〇・〇七五㎜のカーテン用しか販売されていないみたいですが、思い切ってハウスの外張りにも使ってみました。今年で二年目ですが、まだ破れる様子はありません。

モミガラマルチも重宝しています。マルチフィルムだと、どうしても裸地よりは地温が高くなりますが、モミガラなら地温が下がります。しかもタダ同然で手に入ります。草抑え効果といい通気性といい申し分ありません。

現代農業二〇一一年八月号
遮光フィルム+モミガラマルチ

ハウス床に打ち水

ブロッコリー苗が萎れない

埼玉県川越市　飯野芳彦さん（編集部）

ブロッコリーの育苗は七～八月の暑い時期。かん水は朝やりますが、あまり暑いと、三時にもサーっとかん水します。夜は、育苗ハウスの天窓とサイドをオープンにして循環扇を回しています。

循環扇の風が妻面に当たって落ち込む場所があり、そこの苗は乾き過ぎて、朝方萎れが出ていました。徒長させたくないので夕方のかん水はできません。

「夕方に打ち水するといい」と鉢花農家の友達に教えてもらいました。打ち水して循環扇を回せば、湿度が保たれるのと、気化熱でハウス内温度が下がるというのです。その友達は、育苗ベンチ（エキスパンド）の上に敷いてある防草シートをシャワーで濡らしていました。うちの育苗ハウスは狭く、苗が隙間なく並んでいますので、ベンチには打ち水できる余裕がありません。そこで通路やベンチ下の地面に打ち水することにしました。

仕事が終わって暗くなるころ、育苗ハウスの地面にシャワー。あとはいつもどおり、窓を全開にして循環扇を回しました。

打ち水すると、夜のハウスはひんやりしていて、外より涼しくなっていることがよくわかります。直接かん水するわけではないので、苗の徒長は心配なし。苗の萎れはなくなりました。

現代農業二〇一一年八月号
ハウス床に打ち水

夕方、ハウス地面にシャワーで打ち水する飯野さん

シャニカマエハウス

シャニカマエハウス（左）と普通のハウス

なんだか変ちくりんなハウスだ。「棟方向傾斜建築物」（通称「シャニカマエハウス」）は、地面に対して棟（天井）が斜めになっている。暖かい空気が上に昇る現象を利用して、ハウス内の空気をスムーズに換気する。内張りを斜めに張ることでも同じ効果が得られるらしい。

開発した東北農業研究センターの由比進先生によると、「傾斜地のハウスは換気が優れるといわれてきたことを、平坦地でも応用した」とのこと。編

シャニカマエハウス
暖まった空気

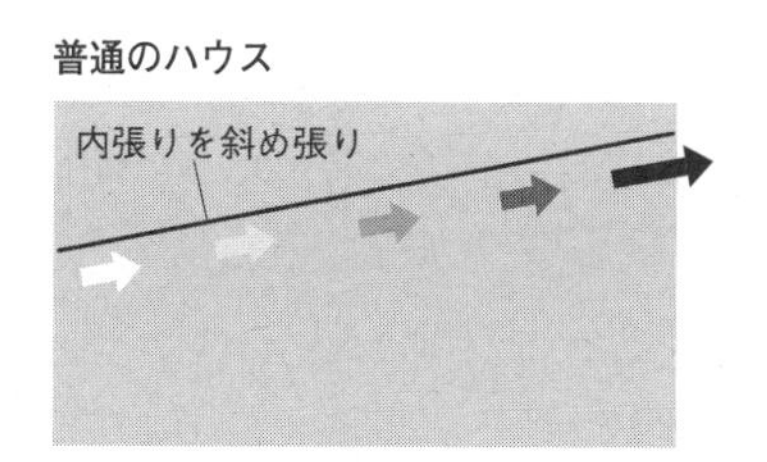

※棟方向傾斜建築物は現在特許出願ずみ。問い合わせは東北農業研究センター（TEL019-641-9244）まで

現代農業2012年8月号
シャニカマエハウス

涼しさ＋品質・収量アップ

手作りロングジョイントで軒高ハウス

岐阜県高山市　滑谷和剛

軒高が30㎝高くなったハウス。温度が下がり、通気性も改善。ウネも2列増やせた

熱中症で倒れるほど暑いハウス

トマトハウスの改良に踏み切ったのは、記録的な猛暑だった五年前（二〇〇七年）のことです。連日の猛暑で最初に妻が熱中症になりました。そして数日後、岐阜県の最高気温を更新した日に、とうとう僕も倒れてしまいました。その日、ハウス内の温度は四〇℃をゆうに超えていたと思います。

出荷を終えて家にたどりついたところまでは覚えていますが、その後意識が遠くなりました。幸いすぐに妻が発見してくれて救急車で搬送されましたが、もう少し遅れていたら命が危なかったと医師に言われました。

当時は三二aのトマトを妻と二人で管理していました。忙しくて長時間働いたこともありますが、ハウス内の環境が悪かったことも原因でした。僕のハウスは山の窪地にあり、風がほとんど吹かないためハウス内はいつも高温多湿の状態でした。

熱中症で倒れたことで、少しでも涼しくするため、ハウスの軒高を上げる方法をいろいろ探しました。

自作ジョイントで軒高三〇㎝アップ

いい方法が見つからなくて困っていたとき、野積みされた古い天井ジョイントを見かけ、「これだ！」と思いました。それは普通のジョイントよりも長く、格安で譲ってもらい取り付けると、ハウスの肩が立って軒高は三〇㎝ほど高くなりました。ところが、その商品（ロングジョイント）はすでに製造が中止されていたので、それを真似て手製の長いジョイントを作ることにしました。

使うのは二五㎜口径の直管パイプです。パイプを長さ八〇㎝にカットし、中心部分を手製のプレス機で三〇度曲げます。そしてアーチパイプ（二二㎜口径）が奥まで挿さらないよう、両端から一〇㎝の部分にカシメ機で窪みをつければ完成です。費用は五〇mハウス一棟で、二万～二万五〇〇〇円です。

以前のハウス。天井フィルムからの輻射熱で、人もトマトも暑かった

涼しさだけでなく、トマトの着果率・反収もアップ

ハウスの天井が上がったことで、天井フィルムからのジリジリと熱い輻射熱が軽減され、ハウス内の温度は体感温度で二〜三℃は下がったと思います。風も通るようになり、とてもすごしやすくなりました。

ハウスの改良は、妻と僕が働きやすくするのが目的だったのですが、思わぬ効果もついてきました。

まずは、着果率のアップです。フィルムの輻射熱による高温障害が軽減され、落花が一割ほど減りました。また、温度が下がったことで、マルハナバチが活発になり、以前に比べて着果率はアップしました。さらに、通気がよくなったことで、以前は多かった灰色カビ病の発生が減り、病気による落果も減りました。

ハウス当たりの栽培株数も増えました。肩が上がったことでハウスの端まで活用できるようになり、一ハウス四ウネだったのが六ウネに増やすことができたのです。

これからハウスを建てる方は、最初から肩高（腰高）タイプのハウスを選べばいいと思いますが、既存のハウスを高くしたい方はこの方法を参考にしてみてください。材料も簡単に購入でき、加工もそんなに難しくないと思います。

現代農業二〇一二年十一月号
手作りロングジョイントで軒高ハウス

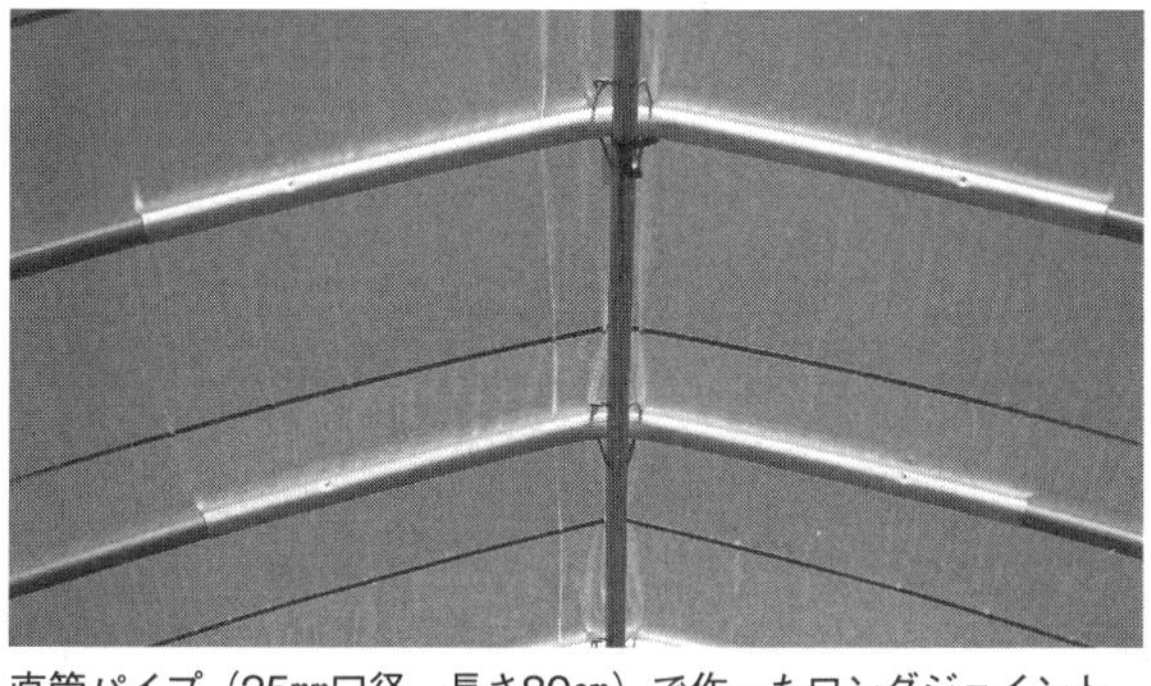

直管パイプ（25㎜口径、長さ80㎝）で作ったロングジョイント

①パイプの真ん中を手製のプレス機で30度曲げる

②アーチパイプ（22㎜口径）が奥まで挿さらないよう、両端から10㎝の部分をカシメ機でパンチして窪みをつける

大きく換気、すぐに閉じられる！

手作りツマソー一万円

福島県喜多方市　三橋和久

暑いハウスで人もトルコもくたくた

会津盆地の夏は暑い。真夏には気温が三五℃を超えることもしばしばで、ハウス内のトルコギキョウも作業者もくたくたになる。ハウス内を少しでも涼しくすることが夏場の課題になっている。

熱い空気はハウスの上方に溜まるので、ハウス内の温度を下げるにはできるだけ高い位置で換気したい。もっとも理想的なのは天井換気だと思うが、市販の天窓はパイプハウスに取り付けるには割高で、強風や積雪で歪むと雨漏りの原因にもなる。

せめて妻面から換気しようと市販のツマソーを取り付けることを考えたが、四五mのハウスの空気を抜くにはサイズが小さすぎた。そこで妻面上半分のビニールを捲り上げて開放してみたが、開放した妻面から雨が吹き込み収穫期の花が濡れてしまうことがあった。

約一万円でできた大きなツマソー

大きく換気ができて、すぐに閉じられる方法はないかと考えたのが手作りツマソーである。ビニペットで好みの大きさに枠を作り、その上に張ったビニールをクルクルで巻き上げるという、じつにシンプルなものだが、窓を大きく作れ、急な雨や風にも簡単に対応できるようになった。

わが家のツマソーのサイズは、入口側が二四〇cm×八〇cm、奥の妻面が三五〇cm×九〇cmである（次ページ写真）。害虫の侵入を防ぐために一mm目合いの防虫ネットを張ったが、大型の害虫だけを対象にするなら四mm目合いでもよく、風通しはさらによくなる。

妻面にはビニールを留めるためのビニペットが何本も取り付けてあるので、新たに必要なビニペットは少しでいい。もっとも高価なのが巻き上げ用のクルクルだが一個五〇〇〇円程度なので、一ハウス二カ所にツマソーを作る費用は一万円強である。市販の小さいツマソーが一個一万五〇〇〇円ぐらいするのを考えると、手作りツマソーのコストパフォーマンスは圧倒的によい。視察に来た人に見せるとその大きさに驚き、自分も作りたいと言う方が多いが、これも設置費用の安さゆえであろう。

遮光幕と扇風機で総合的に対策

いいことづくしの手作りツマソーにも欠点がある。天窓は、熱い空気が天井から抜けることでサイドから外気が入り込み、自然に空気の流れが起こるが、ツマソーでは無風の日には暖まった空気が停滞してしまう。

そこで、わが家の暑さ対策は総合的に行なう。ハウスの屋根に遮光率四〇％程度の白い遮光幕を張り、無風の日でも空気が動くようにホームセンターで買った扇風機を一ハウスに四台ほど取り付けている。

240㎝×80㎝の手作りツマソー（妻面換気窓）。クルクル（A）を回して、表のビニールを矢印（上向き）の位置まで開けた状態。買ったのはクルクルとビニペット2本（B）だけ

品種が変わって以前と単純に比較はできないため、トルコギキョウの生育が変わったかの判断は難しい。チップバーンが出にくくなったような気もするが、出やすい品種は出るし、花やけしやすい品種は焼ける。

しかし暑さ対策をしていないハウスと比べて確実にハウス内の気温は下がっており、暑いながらも夏場の作業が可能になった。

現代農業二〇一二年十一月号
安くて大きい手作りツマソーがお勧め

手前の箱状の部分が冷熱交換槽。ここで湧き水によって空気を冷やし、育苗ハウスの中に送り込む

この冷熱交換槽は、長さ5.4m、幅1m、高さ1.4m。内部に化学繊維の吸水剤が12枚並んでいて、そこに湧き水をパイプから散水（ノズル50個）しながら槽内の空気を冷やす。湧き水の水圧だけで散水できる

夏場の花苗生産を可能にした
湧き水冷房ハウス

長崎県南高来郡千々石町　山本哲郎

中山間地の利点、湧き水を生かせないか

私は、雲仙岳の中腹（標高三五〇～五〇〇m）で、花卉栽培を経営の柱に二五年近く歩んできました。この地域は、「日本の棚田百選」にも認定されている「清流と石積みの里」ですが、花栽培にとっては決して有利な土地柄とはいえません。しかし、風土を生かした逆転の発想が、経営に大きな成果をもたらしました。湧き水を利用した冷房装置がそれです。

わが家で日頃、生活用水や農業用水として利用している小川の水は湧き水で、夏でも水温が一五℃で一定しています。このことを長崎県総合農林試験場や普及センターで話したところ、湧き水を夏場の花の育苗に利用できないかというアイデアが雑談の中から出てきました。

ただ、最初は、海のものとも山のものとも見当がつかないようなただの思いつきです。現在の装置ができるまでは試行錯誤の連続でした。湧き水で空気を冷やすための冷熱交換槽の大きさ、この中で散水したときの吸水材の選択、冷やした空気をハウスに送る送風機の能力、ハウスの内張り・遮光資材に何を使うか……、いずれも模索と改良を重ねて現在に至りました。当初は冷熱交換槽の吸水材としてスギの葉っぱを使ってみたりもしました。しかしこれは失敗で、化学繊維の吸水材を使う方式に落ち着いています。

苗代が大幅軽減、販売も

現在、私は、トルコギキョウ・ストック・ホワイトレースなどをつくっています。育苗用の湧き水冷房ハウスは二棟設置しています。それぞれ、上の写真にあるような冷熱交換槽を備え、ハウスの面積は一〇〇m²と五〇m²です。

湧き水冷房のおかげで、当初の目論見どお

り冷房育苗が可能になりました。とくに、育苗時に高温にあうとロゼット化しやすいトルコギキョウは、以前は単価の高い購入苗に頼っていたのが、自前で育苗できるようになり、苗代の軽減につながっています。試験場が試算してくれた結果によると、労賃まで含めた一本当たりの育苗経費は六～七円です。もちろんロゼット化するような株は出ていません。

そのほか、夏場の高温環境での育苗が可能になったために、いろんな花の苗生産、有利な販売ができるようになりました。作型の幅も広がりました。

なお、一〇〇m²ハウス用の湧き水利用の冷熱交換槽を作るのにかかった経費は一八万七〇〇〇円、送風機などの電気機材類が二七万一〇〇〇円、一〇〇m²の遮光育苗ハウスが一四万円、それに消費税を加えて六二万八〇〇〇円でした。ランニングコストに当たる電力使用料金は、冷房機を使った場合に比べると約四分の一ですむようです。

現代農業二〇〇二年八月号
湧き水冷房装置を手作り

図1 湧き水冷房ハウスの構造（100m²ハウス用）

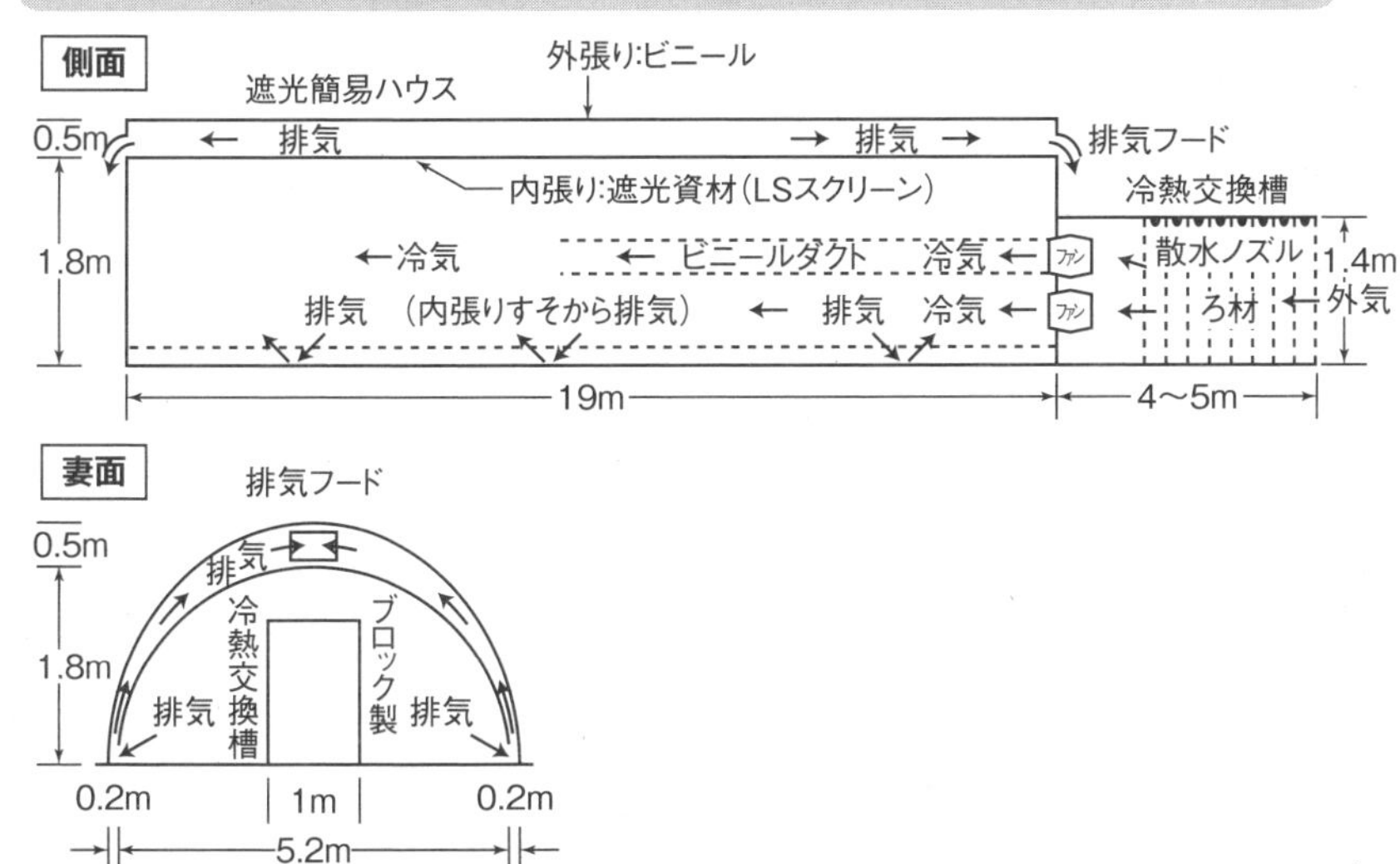

図2 湧き水冷房ハウスの温度・日射量の時間帯別推移

（6月中旬～8月下旬の平均、長崎県総合農林試験場1998年調査）

育苗ハウス内。6月中旬～8月下旬の外気温の平均が23.6℃、最高32.7℃、最低14.1℃だったのに対して、ハウス内は平均20.7℃、最高31.9℃、最低15.1℃（1998年）

熱が逃げるのを防ぐ被覆の多層化と資材選び

（編集部）

熱の逃げ道は三通り

『農業技術大系 花卉編』の記事「保温」（近畿中国四国農業研究センター・川嶋浩樹）によると、冬のハウスから熱が出ていく逃げ道は三つある（図）。

①外張りフィルムやパイプから（貫流伝熱）、②フィルムに開いた穴や重ね目などの隙間から（隙間換気伝熱）、③地中への伝熱（地表伝熱または地中伝熱）の三つ。割合は、貫流伝熱量が一番大きい（六〇〜一〇〇％）。隙間や換気による放熱は〇〜二〇％、地表伝熱量は二〇％以下となっている。

ハウスの熱を逃がさないためには、隙間をふさぐのはもちろん、被覆のやり方や資材を今一度見直したい。

空気で断熱層をつくる

熱の一番大きな逃げ道である貫流伝熱を減らすには、天井やサイドにカーテンを張ったり、ハウス内にトンネルを設置するなど、被覆の多層化が一番有効なようだ（表）。資材の間にできた空気膜層が熱を伝わりにくくし、断熱層の役割を果たしてくれる。

ただし被覆枚数を二倍にしても、保温力が二倍になるわけではない。また、空気層を増やすたびに放熱は減るが、その低減率はしだいに小さくなる。また、被覆を増やせば作業

ハウスからの熱の逃げ方

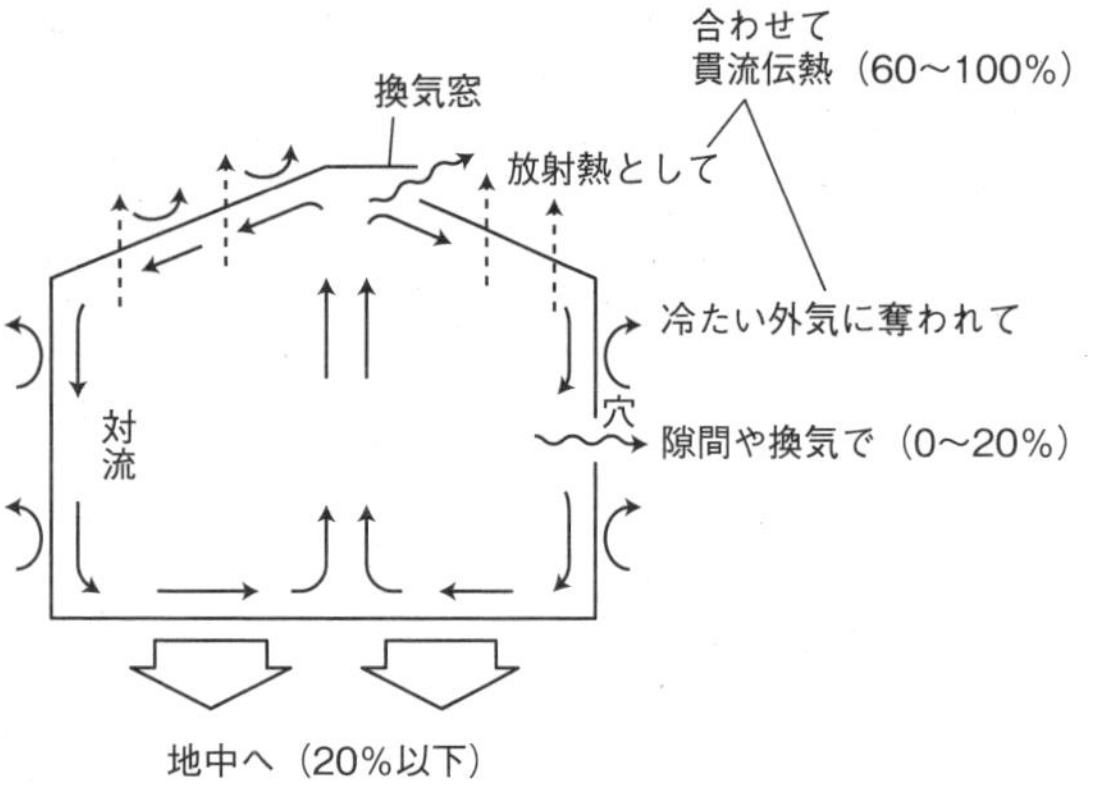

被覆を多層化した場合の保温効果（林、2008を一部改訂）

熱節減率：ビニールハウスと比べて放熱量を減らせる割合（単位は%）
熱貫流率：被覆資材の保温性の指標（単位はW・m・K）。数字が小さいほど保温効果が高い

保温方法	被覆資材	熱節減率	熱貫流率
1層カーテン	農ビ	40	3.8
	農ポリ	35	4.2
	PO系	35	3.9
	不織布	30	4.5
	アルミ蒸着	55	2.9
2層カーテン	農ビ＋農ポリ	50	3.1
	農ビ＋不織布	50	3.1
	農ビ＋農ビ	55	2.8
3層カーテン	農ビ＋農ビ＋不織布	70	2.0

複層構造になっている被覆資材（一部）

商品名	光透過率	厚さ（㎜）	メーカー（問い合わせ先）	特徴
サニーコート	80%以上	1.2	宇部エクシモ	サイドカーテン。重油削減率は約30%（内張り用農ビを張ったハウスとの比較）
プチラブ	72%	2.5	川上産業	サイドカーテン。「エコポカプチ」の吸湿性、保温性をアップさせた。重油削減率は約70%（内張りを張っていないハウスとの比較）
韓国製 3層カーテン・ 5層カーテン	3層：50%	3層：約2〜3 5層：約5	育日不織布工業	別途、カーテン設備全体を韓国製のものに交換する必要あり。イチゴのハウスの例では重油代が40%減った
ふくら〜夢	80%	0.1 （膨らませると20㎝）	東罐興産	天井外張り用。紫外線がカットされるためか、ハチが飛ばなくなる。重油代削減率は25〜30%

※耐用年数はいずれも3年程度だが、内張りとして使い、傷みが少なければもっと長く使う農家が多い

がやりにくくなるし、冬場では遮光率が上がってしまう。

　被覆資材そのものが多層構造になっているものもある。この種の資材はいずれも高価だが、保温効率は高い。内張りとして使うので耐用年数も長い。油代を睨みつつ、選択肢に加えてもいいかもしれない。

現代農業二〇一三年十一月号
油代減らしの決め手は空気の層

昼間の日射を蓄熱、夜間の保温に生かす水封マルチ

宮本雅章（群馬県農業技術センター）

トンネル内の最低温度が一～三℃上昇

　群馬県の半促成ナスは主に無加温のパイプハウスで栽培され、定植の一月末ごろから四月上旬ごろまでの低温期は、夜間にトンネル被覆による保温が行なわれています。

　この作型では気象条件の影響を受けやすいため、夜温の確保ができない場合は生育遅延や霜害の発生等が問題となります。そこで、昼間の日射を蓄熱し、夜間の保温に利用できる水封マルチの効果を検討しました。

　その結果、ナスの保温トンネル内に水封マルチを設置することで、トンネル内の最低気温は一～三℃高く維持でき、ナスの生育は葉数、枝数が多く、開花の進みも早くなり、生育が促進されました。そして、石ナスなどの不良果も少なくなり、初期（三～四月）の収量は慣行のトンネル栽培に比べて販売可能果数が多くなり、上物率は一割程度高まりました。

半促成ナスの保温トンネル内に設置した水封マルチ

トンネル内の最低気温（平成20年）

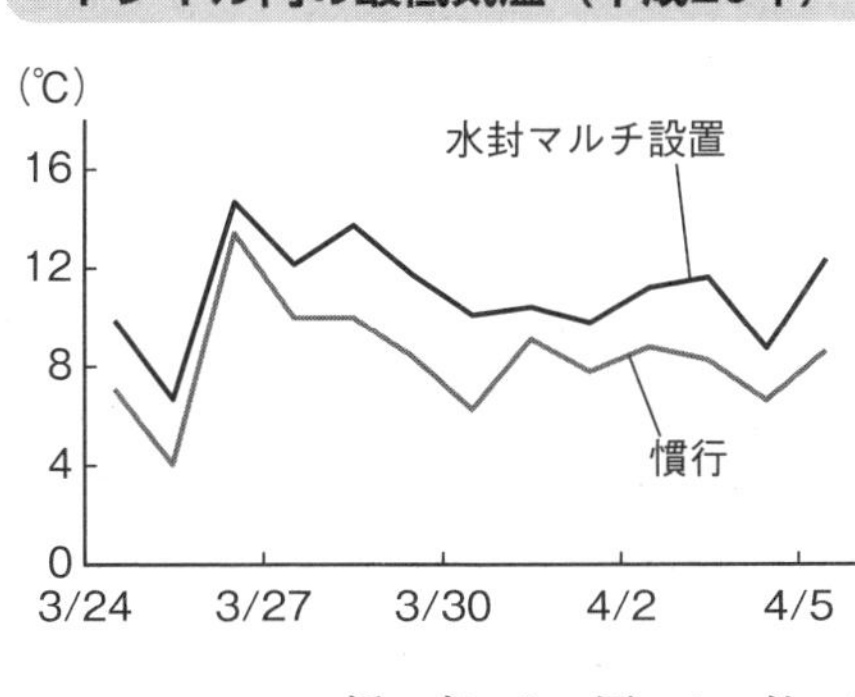

設置方法

　水封マルチには折径三〇cm、長さ一〇〇m、厚さ〇・一mmのポリダクトが利用できます。

　設置には、ベッド面を平らにし、設置位置にやや窪みをつけて、ダクトを張ってから水を封入すると設置しやすくなります。わずかな傾斜でも、ベッドから水を封入したダクトが転がってしまうので注意し、水封マルチに穴を開けないように、鋏の扱いやナスのトゲにも注意します。

夜温が高くなるので乾燥に注意

　また、夜温が高くなることから、極端な乾燥状態にするとナスは短花柱花が発生しやすくなるため、注意が必要です。水封マルチの保温効果は、昼間が曇雨天で蓄熱が少ないと低くなります。

特に冷える場所だけでも効果あり

　戸口付近などハウス内でも夜温が特に下がりやすい場所や、例年、霜害が出やすい場所へ、部分的に三～五m程度の水封マルチを設置するだけでも、周辺部の保温がよくなり、トンネル内の温度ムラや生育のばらつき、霜害の被害軽減に役立ちます。

現代農業二〇一二年十二月号
半促成ナスの保温トンネル内に水封マルチ

無加温ハウスには
薪ストーブの煙＋夕方かん水

三重県松阪市　青木恒男

ハウス内温度がマイナス5℃になったときのストックの凍害

ハウスは ずらし栽培のための装備

私は無加温のパイプハウスで冬場に二〇品目前後の作物をつくりますが、これは、夏野菜を冬につくって高値を狙ったり、栽培の難しい作物をハウスでつくって付加価値を上げようといった目的からではありません。

あくまでも狙うのは季節の定番野菜であり、冬野菜の出荷を春の端境期まで引っ張ったり、春野菜を秋から冬に収穫したりと、ハウスはほかの農家が真似できないような作型を取り入れるための装備です。

また同じ季節の野菜の栽培も、露地よりはハウスのほうが生産コスト的に有利で、安定した品質の商品が生産できます。

たとえば、ストックは生長の最盛期にマイナス二℃以下の低温にあうと茎の曲がりや葉の凍傷、その後の開花異常などの障害を受けます。秋から冬の長期どりのスナップエンド

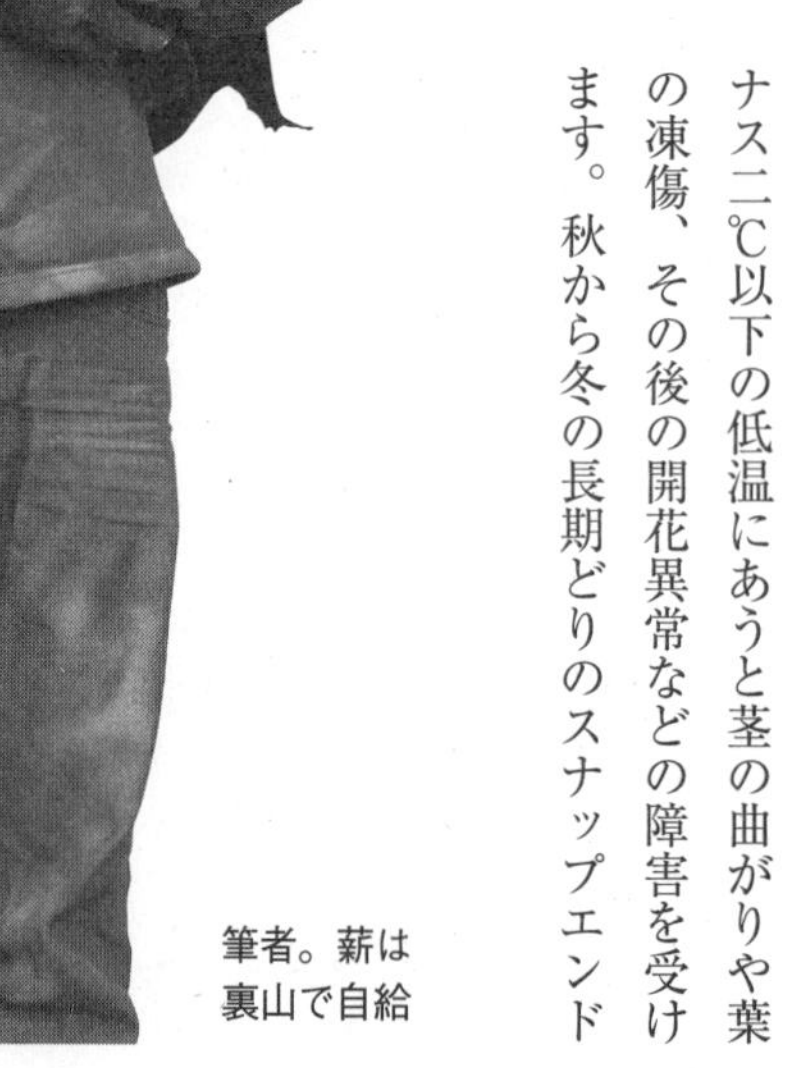

筆者。薪は裏山で自給

ウやサヤエンドウは、茎や葉は相当な耐寒性がありますが収穫中のサヤは寒さに弱く、ちょっとした霜で全滅してしまいます。おかげで、加温の手段がなかった頃にはたびたび大被害を出していました。

また、定植が厳寒期の一〜二月になる春から初夏どりのハクサイやキャベツなどでは、幼苗が極端な低温にあうと結球しないままトウ立ちしてしまいます。

焚き付けと細い薪が熾（おき）になるまでは吸気口を閉じ気味にして、炭やきの要領で白煙を盛大に出す。熾火ができて太い薪に着火したら、吸気口を開けて完全燃焼に移す

ホームセンターで買った薪ストーブ。下から順に、重くてススの出ない広葉樹の太い薪（長時間ゆっくり燃える）、細割りした薪や割り竹、そして焚き付けの大豆殻とワラを上部の隙間一杯に詰めて点火する

薪ストーブ＋夕方かん水のやり方

日没直前、まずは作物全体に井戸水をたっぷり頭上かん水し、全身ずぶ濡れ状態にしておく。かん水が終わったら、ハウスを閉め切ってからストーブに点火する。点火の仕方は写真の説明のとおり。

薪ストーブで夜温を氷点下にしない

では、無加温ハウスで厳寒期の作物をどう守るのか。日本列島は南北に長く気候も日本海側と太平洋側では大きく違うので、一概にこうすればいいという答えはないのでしょうが、伊勢平野の気象条件に合わせた私のハウスでの温度管理の基本は「最低夜温を氷点下にしない」ことに尽きると思います。

煙が充満したハウス。これが霧になると1m先すら見えなくなる

私は三連棟一〇〇〇m²のハウスで、ホームセンターで買ってきた二九八〇円の薪ストーブを一台使っています。ストーブはハウス全体の対流を考えて風上の隅に設置し、煙突は五mほど水平に這わせてあって適度に冷却された煙は室内に排気されます。

こんな子どもだましのような方法でも、マイナス五℃前後の最低夜温が何日かあった平成二十四年の冬、一度もハウスの作物に凍害は出しませんでした。

ハウスの面積に対して、ひと晩一〇kg足らずの薪で十分な暖房ができるわけはありません。ストーブの目的は暖房ではなく、水と煙と物理法則による熱の保持です。

ハウスに発生した霧が熱を逃がさない

水と煙と物理法則とはどんなものか、まずはその理屈を説明しましょう。

密閉されたハウス内では、日が昇るとともに温度が上昇します。それによって相対湿度がどんどん下がって乾燥し、作物からも地面からも、気化熱を奪いながら水分が盛んに蒸発して水蒸気となります（左ページの図1左）。

逆に日が沈んで気温が下がってくると、相対的に暖かいハウス内の作物や地面からは熱が赤外線放射や対流の形で奪われてゆきます。このとき、ハウス内にたっぷり水蒸気があれば、霧や被覆資材の壁面に氷となって現われます。そして、その霧や氷は赤外線を反射してハウス内の熱が放射冷却で逃げてしまうのを抑える働きがあるのです（左ページの図1右）。

この原理を積極的に利用する方法こそが、かん水と薪ストーブなのです。日没間際にかん水してハウス内の湿度を高め、薪ストーブから出る煙の粒子を核にして霧を発生させるわけです。

水は氷になるときに熱を放射温度変化を穏やかにする

また、水が気体から液体、液体から固体へと相が変化するときに放熱する凝結熱も、低コストで冬場のハウスの保温に一役買っています。

左ページの図2は夜間のハウス内の、水の相変化と温度変化の関連をグラフ化したものです。乾燥した外気の温度は日没から夜明けまで直線的に急降下しますが、水蒸気をたっぷり含んで密閉されたハウスの室温はそうな

郵便はがき

おそれいります
が切手をはって
お出し下さい

1078668

(受取人)
東京都港区
赤坂郵便局
私書箱第十五号

農文協
http://www.ruralnet.or.jp/
読者カード係 行

◎ このカードは当会の今後の刊行計画及び、新刊等の案内に役だたせていただきたいと思います。　はじめての方は○印を（　）

ご住所	（〒　－　） TEL： FAX：
お名前	男・女　歳
E-mail：	
ご職業	公務員・会社員・自営業・自由業・主婦・農漁業・教職員（大学・短大・高校・中学・小学・他）研究生・学生・団体職員・その他（　）
お勤め先・学校名	日頃ご覧の新聞・雑誌名

※この葉書にお書きいただいた個人情報は、新刊案内や見本誌送付、ご注文品の配送、確認等の連絡のために使用し、その目的以外での利用はいたしません。

- ご感想をインターネット等で紹介させていただく場合がございます。ご了承下さい。
- 送料無料・農文協以外の書籍も注文できる会員制通販書店「田舎の本屋さん」入会募集中！案内進呈します。　希望□

■毎月抽選で10名様に見本誌を１冊進呈■（ご希望の雑誌名ひとつに○を）

①現代農業　②季刊 地 域　③うかたま

お客様コード | | | | | | | | | | |

17.12

お買上げの本

■ ご購入いただいた書店（　　　　　　　　　　書 店）

●本書についてご感想など

●今後の出版物についてのご希望など

この本をお求めの動機	広告を見て（紙・誌名）	書店で見て	書評を見て（紙・誌名）	インターネットを見て	知人・先生のすすめで	図書館で見て

◇ 新規注文書 ◇　郵送ご希望の場合、送料をご負担いただきます。

購入希望の図書がありましたら、下記へご記入下さい。お支払いはCVS・郵便振替でお願いします。

（書名）　　（定価）¥　　（部数）　部

（書名）　　（定価）¥　　（部数）　部

図1　ハウス内での熱と水の動き

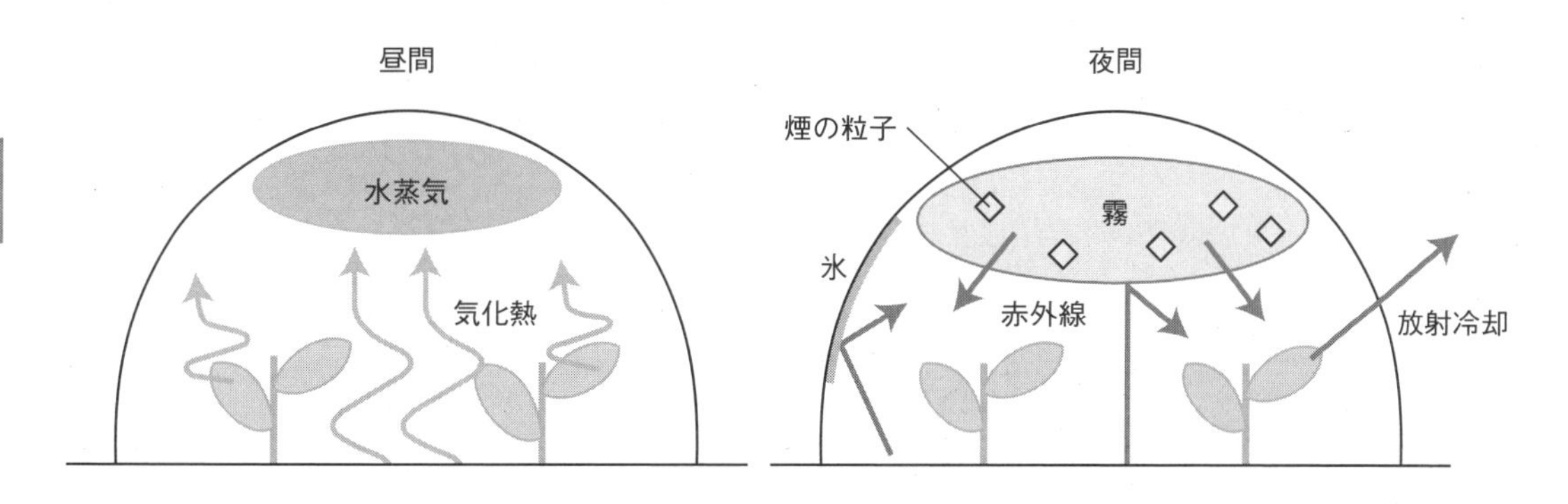

図2　外気温とハウス内の水の温度変化

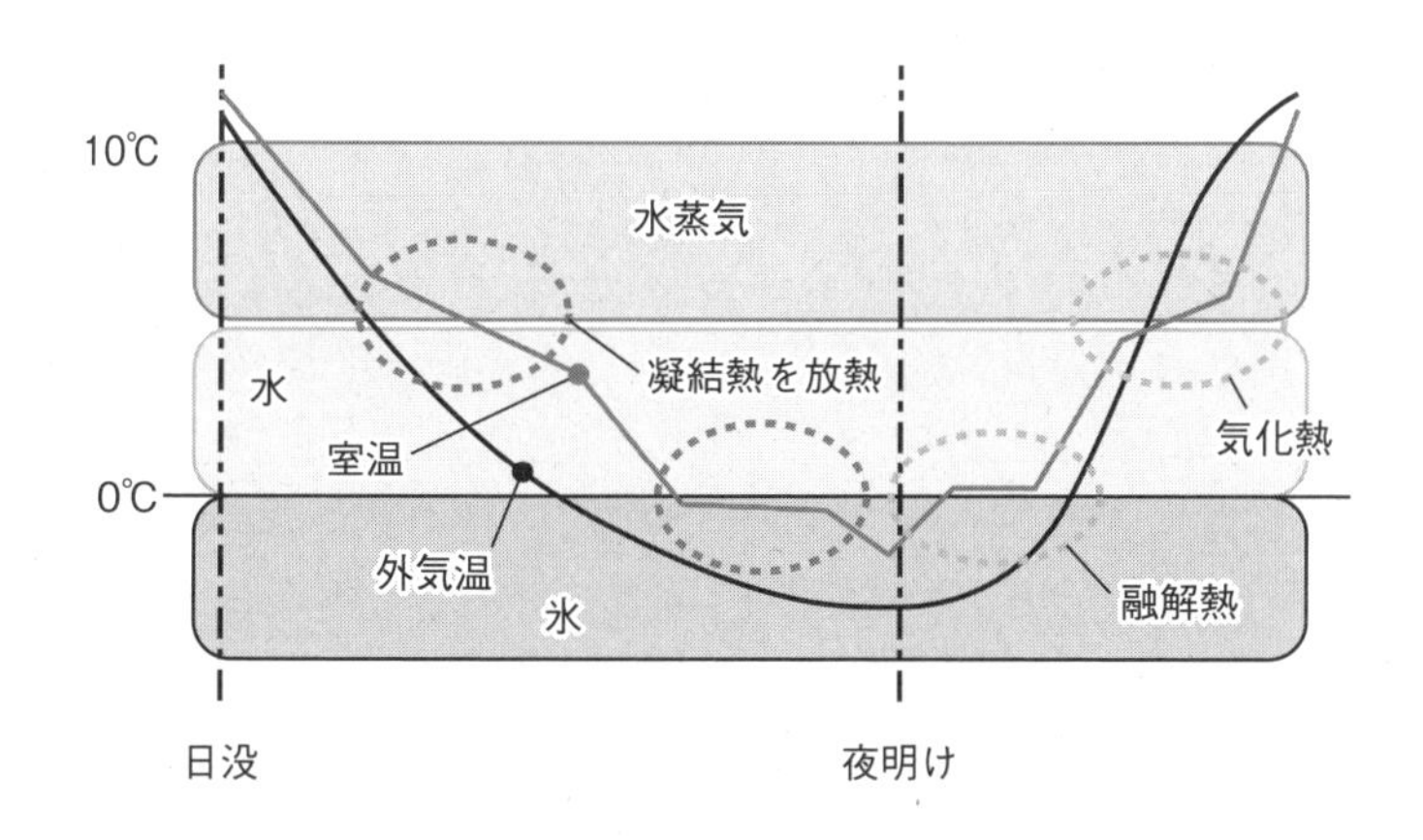

りません。

夜間室温が下がるにしたがい、空気中に充満していた水蒸気は過飽和状態となって、天井に水滴となって現われたり作物について夜露になったりします。またストーブを焚いていれば煙の粒を核にして霧が発生します。

さらに温度が氷点下に下がればこれらの水は徐々に氷や霜になりますが、この水蒸気から水に、水から氷にといった相の変化時には周囲に熱を放射するのです。

つまり、乾燥した空気は熱を蓄える力が小さいので温度変化が激しく、湿度の高い空気は水が蓄える熱量が大きいために温度変化が緩やかなのです。砂漠の気温は昼間五〇℃から夜間氷点下まで大きく変わりますが、同じ緯度でも海岸線の密林内では昼夜の温度差がほとんどないのはこのためです。

夕方にかん水、薪をひと燃やし

ハウス内へのかん水は午前中にすませて夕方までには作物を乾かすべきだとか、夜間室内を乾燥させないと病気の原因になるなどという指導をよく聞くように思いますが、そういった言い伝えはほとんど迷信だと思います。

冬の無加温ハウスは日が十分に高い日中に早めに閉めるようにし、明朝冷え込みそうな日は日没間際に作物にも地面にも温かい井戸水をかけてやり、室内に水蒸気を充満させて薪をひと燃やしして、作物に優しい環境で夜を過ごさせてやればいいのです。

無加温ハウスには薪ストーブの煙＋夕方かん水

現代農業二〇一二年十二月号

木材チップの発酵熱利用
スーパーハウス

長野県御代田町　尾台聿雄さん（赤松富仁）

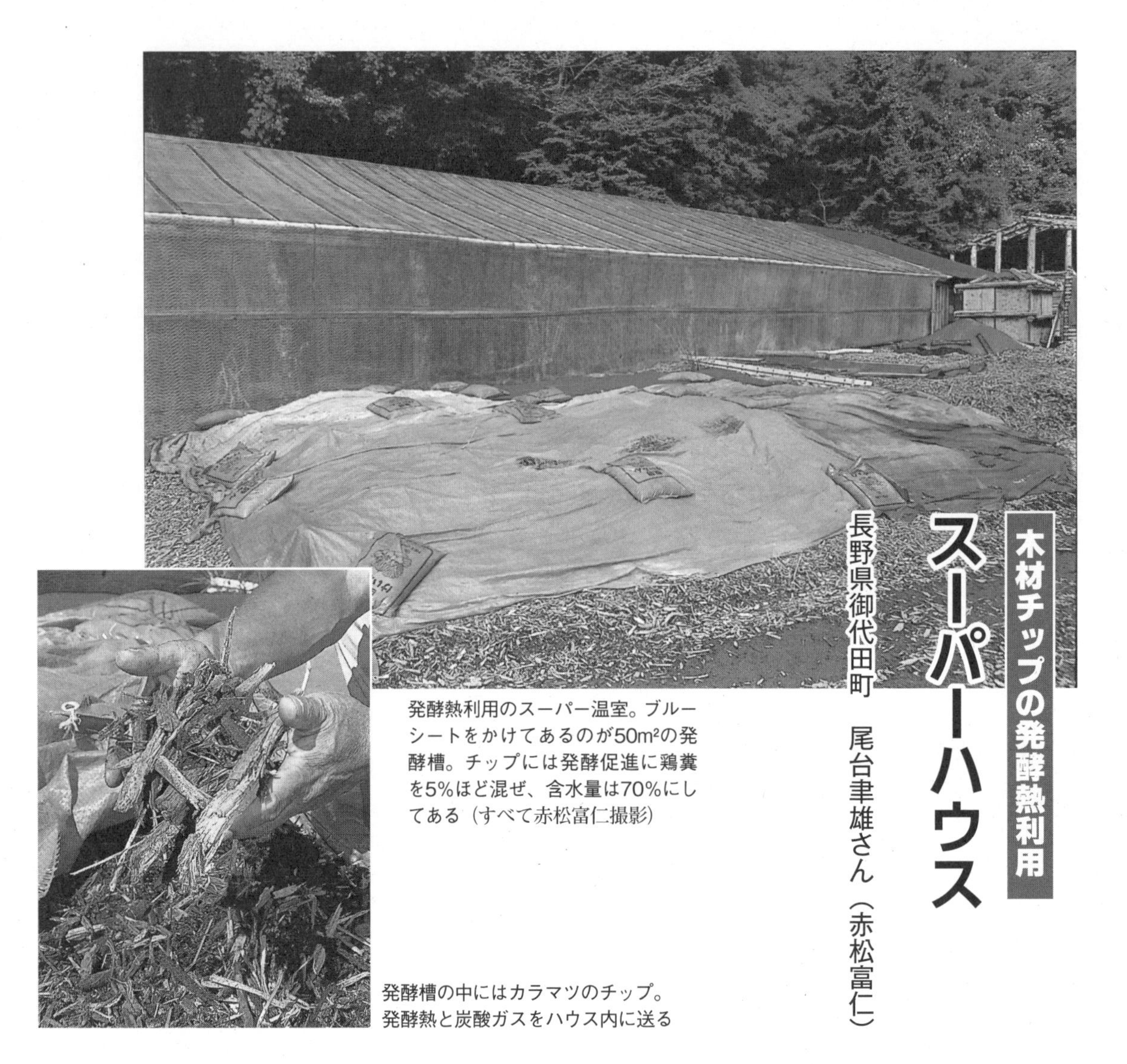

発酵熱利用のスーパー温室。ブルーシートをかけてあるのが50m²の発酵槽。チップには発酵促進に鶏糞を5%ほど混ぜ、含水量は70%にしてある（すべて赤松富仁撮影）

発酵槽の中にはカラマツのチップ。発酵熱と炭酸ガスをハウス内に送る

大量の木材チップから発酵熱

なんとも夢のようなハウスを建ててしまった人がいる。造園業、（株）東信花木の尾台さんです。どうして造園屋さんが温室をと不思議に思いますが、きっかけは大量に出る木材チップだったそうです。

尾台さんの仕事には宅地造成に伴う伐採があり、丸太は製材して板や角材として使えばいいのですが、枝と根っこが残ってしまいます。この量がハンパではなく、年間一五〇〇～二〇〇〇tにもなるというのです。

これをあるとき、チップにして植木畑の三mほどの窪地に埋めておいたところ、ポッポポッポと発酵熱が出てきました。なんとかチップを有効利用したいと考えていた尾台さんは「これはおもしれいや」と、この発酵熱で温室ができないものかと試験を始めたのです。

発酵熱利用のハウスで見たことのない野菜の生育

そして、発酵熱利用のハウスを作って試しにナスを植えてみたら、葉っぱが今まで見たこともないような、まるでカボチャの葉っぱ

尾台さんと、発酵槽から熱と炭酸ガスを引き込む塩ビパイプ。このダクトから50～60℃の熱が出るのと同時に、炭酸ガスや水蒸気、それからチップの揮発性物質が発生してハウス内に充満する。ハウスは南向きの片屋根構造で、北側壁面（写真左）は垂直に立つ

のような大きさになり、生育もすこぶるよかったのだとか。

これは単なる発酵熱だけのせいではないと直感した尾台さん、近所にすむ元大学の先生に相談してみました。するとどうも炭酸ガスが影響しているのではといわれ、信州大学の先生に計測してもらった結果、ハウス内の炭酸ガス濃度は五〇〇〇ppmにもなっていたことがわかったのです。外気の濃度は三七〇～三八〇ppmといわれるから、これはべらぼうに高い数値です。

塩ビパイプで発酵熱を取り入れる

足掛け八年の実験を重ね、現在の試験ハウスは五代目。ハウス面積は二〇〇m²で、熱源となるチップの発酵槽は五〇m³。ハウスの外に設置してブルーシートで覆い、そこから塩ビパイプでハウス内に熱を取り入れているのです。

ハウスの中に入ると湿度が高く、九〇％以上あるのではと思うほど。発酵させるためにチップの含水量を七〇％ほどにするので、発酵熱と一緒に水分も蒸気となってハウスに入ってくるのです。かすかではありますがチップにしたカラマツの香りも漂っています。

試験ハウスなので、いろいろな作物が植わっています。キャベツ、ナス、ピーマン、トマト、マンゴー、サクランボ、食用ホオズキ、ハナミズキやヤブツバキまであります。

驚くことに湿度九〇％ほどのハウス内にあって、作物には病気がほとんど出ていません。チップから出る物質が病気を寄せ付けないのではないかと尾台さん。

また、このハウスでは水蒸気がツユとなって常時降っているので、作物には水をやらなくてもいいのだそうです。

無肥料、根が伸びない、という不思議

さらに、ハウス内の作物はすべて無肥料だと笑う尾台さん。試験のため、作土層には地下二mほどから掘り出した肥料分ゼロの土をわざわざ入れたといい、本来ならば肥料分を求めて根が旺盛に張っているはず。

しかし、このハウスの植物はすべて根があまり伸びていないといいます。確かに、背丈以上に伸びたナスを揺すると根元がぐらぐら

動くし、キャベツを抜いてみると普通のキャベツの三分の一ほどしか根がありませんでした。

空中に漂う栄養分を吸収している？

この現象を尾台さんはこう結論づけました。生木をチップにして好気発酵させることで五〇℃ほどの熱が出る。それに伴い水分も蒸気となって出てくるし、生木が発酵することで炭酸ガスも放出されてハウス内の濃度が高くなる。さらに植物の栄養分になる何らかの物質も出ていて、植物は空中に漂う栄養分を葉や幹から吸収することで根から吸う必要がなくなり、その結果根が発達しないのではと。

尾台さんの説明を証明するかのように、トマトは気根が発達し、白い毛根を空中に伸ばしているのです。何とも不思議な光景です。そして作物はどれをとっても申し分ないおいしさです。

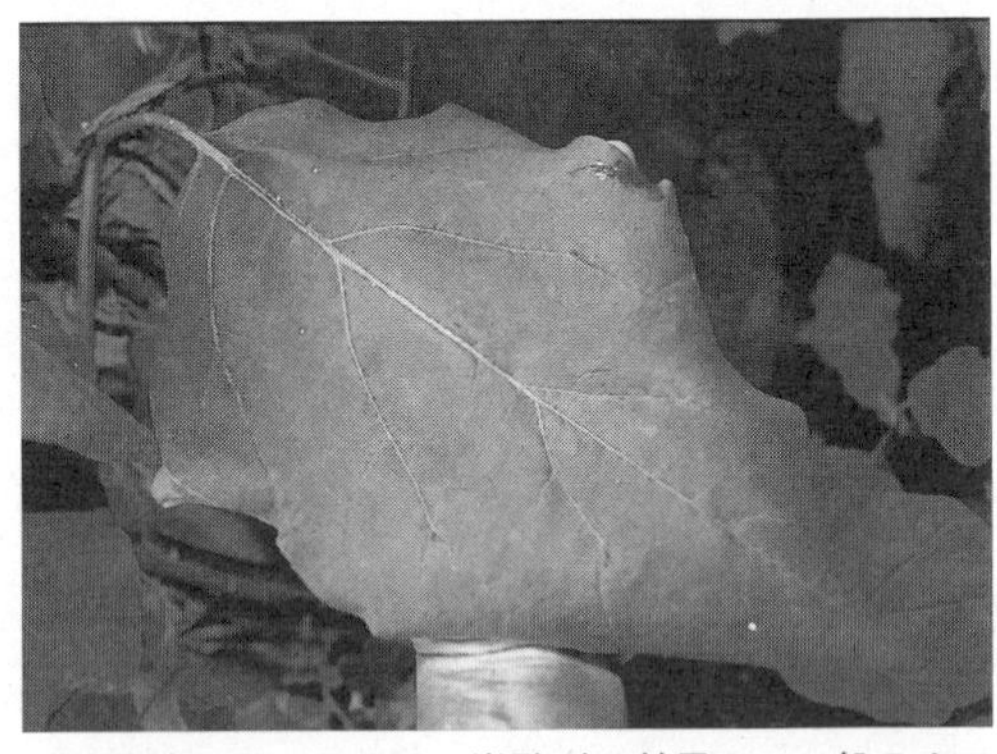

試験栽培しているナス。炭酸ガス効果か、一般のナスの数十倍は収穫できるという。葉は広げた手よりも大きい

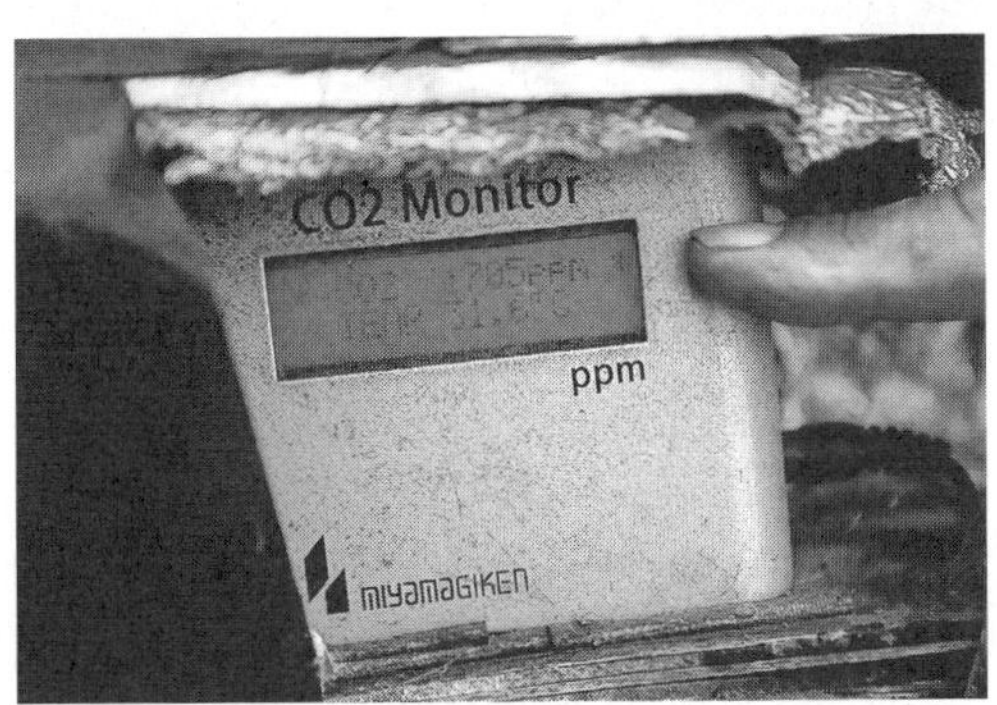

炭酸ガスモニター。窓と入口のドアが開いている状態で1,700ppmある。ハウスを閉めきれば5,000ppmまで上がる

発酵熱を保つハウスの構造

今、このハウスは商品化され、ボツボツ取り入れる農家も出てきました。一m²一万三〇〇〇円ほどかかりますが、電気も化石燃料も使わず、一度投入したチップが二年以上熱を出し続け、真冬でも外気温より一〇℃以上暖かいハウス。考えようによっては何とも安上がりです。

尾台さんのハウスは全体が木でできていて、北側を遮断した南向きの片屋根ハウスです。北側を垂直にすることで北側から熱が逃

キャベツを引き抜いて根を見る。根量は一般の3分の1だと尾台さん

年間7回とれるというキャベツは葉がとても綺麗だ。ほかの作物も病気はほとんど見あたらない。カラマツのチップから出る成分のおかげなのか

トマトの茎から気根が盛んに噴き出している。尾台さんはこれが、空中から栄養分を吸収している証拠だという

げる心配がなく、ハウス全体の二重被覆と木材の断熱効果で、チップの発酵熱をハウス内で保つことができるそうです。発酵槽のしくみだけを一般の鉄骨ハウスなどに取り入れてもハウス内の温度はせいぜい三、四℃しか上がらないといいます。

地球温暖化のことなどを考えると、木材チップの炭酸ガスを積極的に活用するカーボンポジティブなこのハウスは、これからの温室の有り様に一石を投じることになりそうです（特許出願中）。

電話だけで詳細を知りたいというのは勘弁願いたいけれども、関心を持った人は、ぜひ足を運んでハウスを見てほしいと尾台さん。

現代農業二〇一二年十二月号
松ッちゃんのカメラ訪問記
発酵熱利用のスーパーハウス

うずたかく積まれているチップ。年間1500t以上出る枝や根を、リース料1日40万円の機械を入れて1週間ほどでチップにしてしまう

断熱パネルを埋めて

地面ポカポカのハウスを実現

広島県福山市　久下本健二

ユンボで深さ3mの溝をハウスの四方に掘り、断熱パネルを埋め込んだ（矢印）。撮影のために、断熱パネルの一部を露出させている（本来は劣化防止のために露出させない）

無加温ハウスなのに真冬でも春のよう

この地区の、一月の外気温度は零℃～五℃、ときにはマイナス五℃になることもある。わが家ではハウス規模一一〇〇㎡で、十二月終わりにビニールを張り、内張りや加温はなし。それでもアスパラは、年越しの一月十日ごろ出芽する（露地栽培では三月後半の出芽）。また、一月十日ごろには、ハウス内で小梅の開花開始、一月二十日にはサンショウとフキノトウがそれぞれ芽吹いてくる。

アスパラの発芽は地中温度で決まる

アスパラの根は地表面から地中に伸びる。露地栽培では、一月の寒い外気温度（零℃）にさらされて、地中が冷やされる。地表面は零℃となり、三〇㎝下は三℃、一m下は五℃、二m下は一〇℃と、深くなるにしたがって、地中温度は上昇する。しかし、アスパラの根域は地下三〇㎝までなので、一月の露地では発芽できない。

いっぽう、ハウス栽培でビニール被覆すると、内部の空間温度は日照によって上昇するが、夜間には冷やされて、外気温度と同じになる。ハウス内の最高温度は三四℃、夜間は零℃。地中温度は少しずつ上昇するが、三〇㎝下が一〇℃に到達するには日数を要して、やはりアスパラは発芽までには至らない。

断熱材を埋め込んで、地熱を地表へ

そこで、ハウス内の地中温度を早期に発芽開始温度一二℃に上昇させる技術として、地熱利用がある。ハウス外周の地中にぐるっと断熱パネル（発泡スチロールの板）を埋め込んで、ハウス内とハウス外の地中の熱移動を遮断する。二mの断熱材なら、一m下の地中温度が一〇℃に、三〇㎝下の地中温度が八℃に上昇してくる。地下の熱が地表へと移動するからである。

では、この方法で何℃まで上昇させられるか。三m下の地中温度は一六℃もあり、年間を通して安定している。断熱パネルを三m下まで埋め込むと、一月でも二m下は一五℃に、一m下は一四℃に、三〇cm下は一二℃になる。その後は、日が経つにつれ地中温度が上昇して、三〇cm下がアスパラの発芽安定温度一六℃以上に推移する。

それでも夜間のハウス内では、外気温度の影響で地表面の温度が零℃になる日もあるので、二重被覆または発芽後の地上茎の凍害防止対策が必要である（筆者は二重被覆ではなく、凍害防止対策で対応している）。

断熱パネルの有無で地中温度がこんなに違う

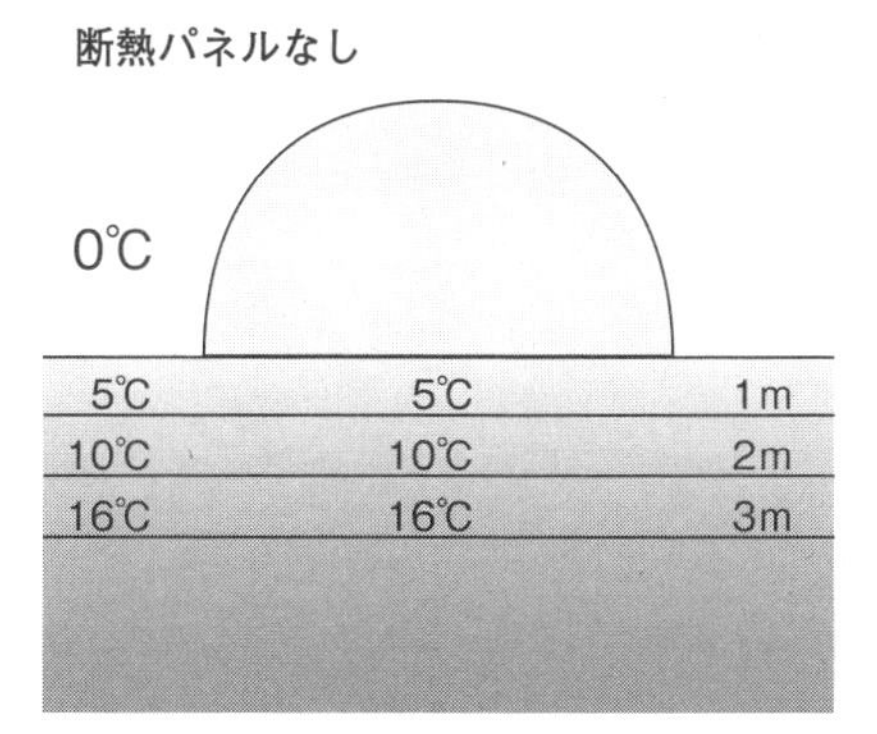

熱が横に逃げてしまうので、地表にいくほど温度が低くなる

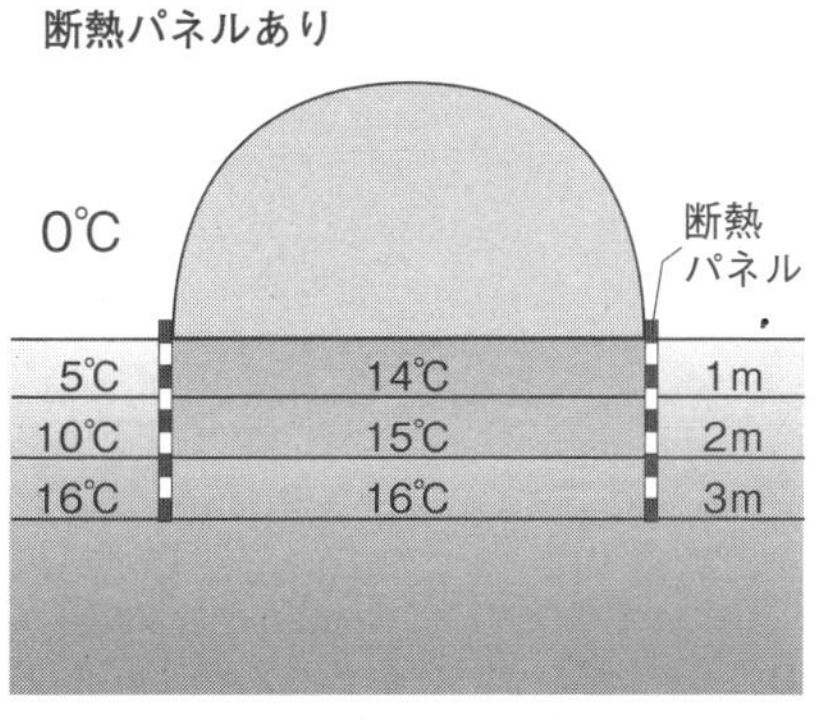

熱が縦方向に移動するので、ハウスの下の地中温度が上がる

一カ月以上早出し、収量増

アスパラの場合、地熱利用ハウスなら一カ月以上の早期出荷が可能となる。すると年間の収穫期間も一～二カ月延長されて、収穫量も多くなり、収穫従事日数も大幅に増大する。

3月5日のハウスの様子。
ブドウが芽吹き始めている（上の写真）

また、現在はこのハウスにブドウも植えているが、被覆開始後のハウス内と地中との温度差が少なく、根域温度が安定して、ハウスでも樹木疲労はなく、より活性化している。

ちなみに、建築物でも同様に断熱パネルを埋め込めば、冬季の室内温度を一二℃ほどに確保できる。さらに仮設住宅が集合している一区画でも、寒さ対策として有効である。

この技術は特許登録済みである。

現代農業二〇一二年十一月号
断熱パネルを埋めたら地面がポカポカ

なお、ブドウの写真は、現代農業二〇一四年十二月号「断熱パネルを埋めて地面がポカポカ」ハウスを見た　より

ブドウの棚下にはニラやタアサイが「恐ろしいスピードで生育してます」

バーク蓄熱なら

冬の十勝でホウレンソウができる！

北海道広尾町　岡田精一

酪農を息子にゆずってホウレンソウに挑戦

北海道十勝で四〇年あまり、家族で酪農を営んできました。乳牛頭数は約一六〇頭、ビートも五ha作付けしております。

若い頃から「六〇歳を過ぎたら牛舎には行かないぞ」と決めており、息子の結婚を機に老後の生き方を模索していました。

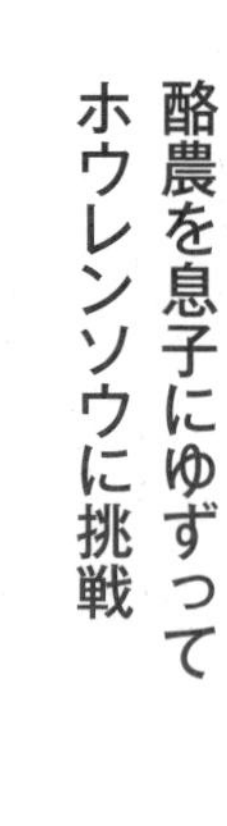
筆者は1951年生まれ。香川県から入植の3代目。妻と息子夫婦の4人で営農

そんな折の平成二十二年の冬、母校の帯広農業高校で育てた無加温のホウレンソウを試食する機会に恵まれ、そのおいしさに衝撃を受けました。野菜を栽培している妻も認めるおいしさと日持ちのよさでした。

真冬の北海道で、しかも無加温ハウスで野菜がつくれるのか疑問に思われるかもしれませんが、私には母校の実践は納得できました。なぜなら、十勝は冬のほうが日照時間は長いのです（図1）。おかげで寒冷の一月や二月でも、日中は一重張りのビニールハウス内温度が三〇℃になります。

図1　当地の気象データ（アメダス1981～2010年）

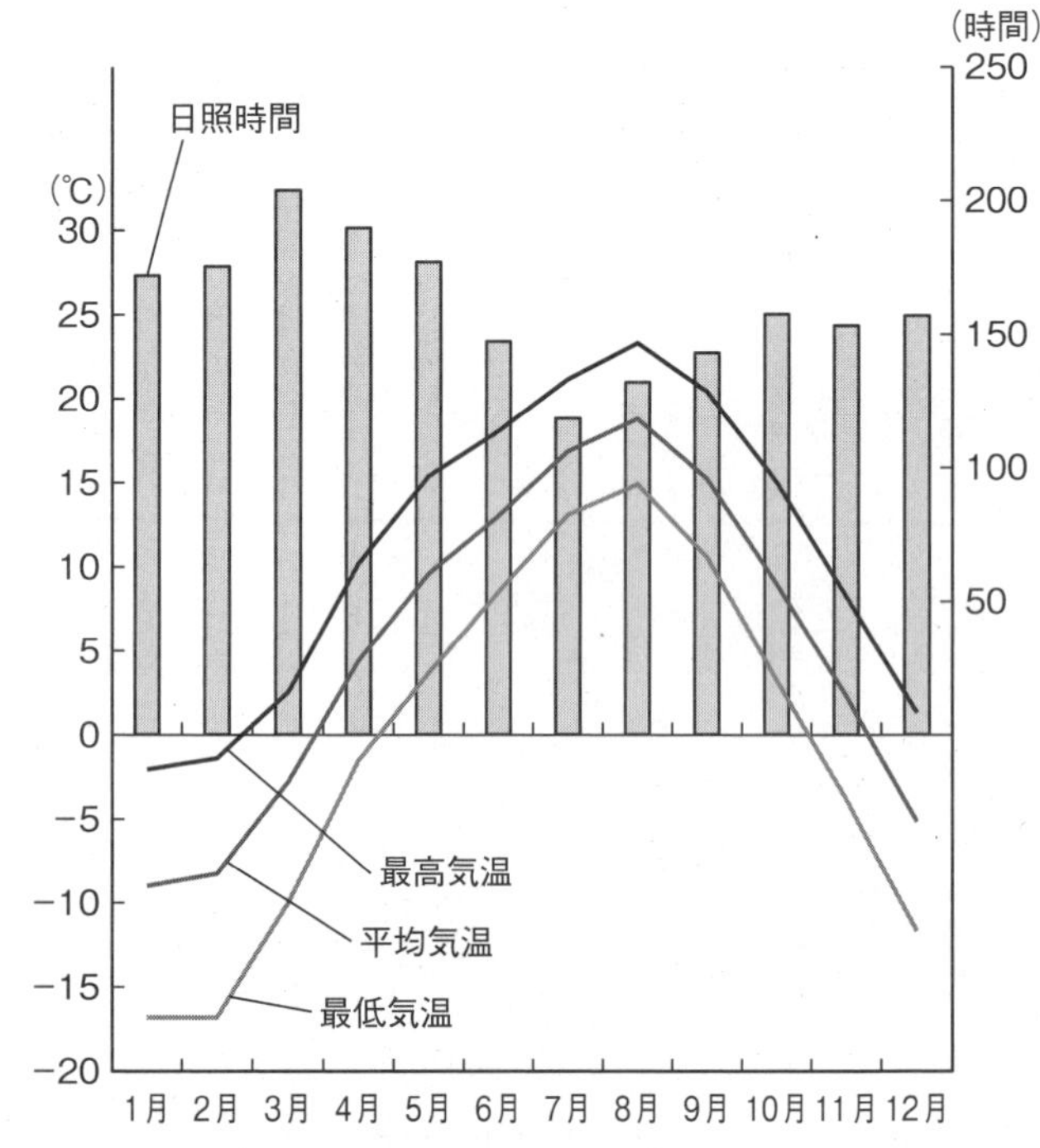

冬は寒いが日照時間は長いことがわかる

そこで、母校の飛谷淳一先生の指導を受け、妻と二人で無加温ハウスのホウレンソウ栽培に取り組むことに決めました。決め手はおいしさ、そして脱化石燃料と省力です。

ハウスが空く十月～三月に四回に分けて播種

ハウスの大きさは七・二m×二七mです。播種は四回に分けて行ないました。一回目は十二月上旬のイベントに向けて三〇m²に、その後は販売できる量に限りがあるので一五m²ずつとしました。四回目は一作目の後作となります（図2）。

ハウスが使えるのは冬の間、三月上旬までです。三月になるとビートの育苗が始まり、飼料作物の栽培管理や収穫の手伝いがあるので十月までハウスは休みます。

いずれの作も播種の七日前に一m²当たり四〇〇gの豚糞肥料を施用し、三日前には播種前かん水（一m²当たり三〇〇ℓ）を行ないました。播種はシードテープを使い、株間六cm条間二〇cmで栽培しました。

冬季は土やホウレンソウについた水分が凍結するため、こまめなかん水が難しいのですが、播種前多量かん水の効果なのか各回とも発芽は順調で、かん水の必要はありませんでした。また、追加かん水も一回目と二回目は一度、生育期間の長い三回目と四回目も三度ですみました。

11月20日、1回目の収穫が間近の無加温ホウレンソウ

図2　ホウレンソウの栽培暦（H23年度）

●播種　■収穫

	10	11	12	1	2	3
1回目（栽培日数50日）	● 10/8	■ 11/28				
2回目（栽培日数68日）	● 10/20		■ 12/28			
3回目（栽培日数90日）		● 11/10			■ 2/8	
4回目（栽培日数92日）			● 12/5			■ 3/7
	9/1　有材心破 9/19　堆肥投入後ロータリで撹拌					

※播種7日前に豚糞肥料を施用。3日前にかん水

ホウレンソウが霜で真っ白でも地温は八℃以下にならなかった

作付け前、ハウス内の土にトレンチャーで溝を掘り、合わせて水はけのよいバーク資材を一m²当たり五〇kg埋めました（有材心破）。この有材心破と多量かん水の効果で地温が保持され、水管理も省力できたと実感しています。

10月31日でも地温は15℃以上ある。この日の最低外気温は7.5℃

トレンチャーで深さ50cmの穴（矢印）を掘ってバーク資材を埋める有材心破。作業は帯広農高の生徒が手伝ってくれた

地温が保持されるとはいえ一重張りのビニールハウスですので、べたがけ資材（パオパオ）の上に透明ビニールのトンネルを設けて管理します。昼間は太陽熱を取り入れ、夜間はさらに保温シートを掛け、放射冷却を防ぎました。ハウス内の気温と地温は常時計測しました。

一月と二月の夜間には、ホウレンソウが霜で真っ白になることがありますが、地温は八℃以下にはならず順調に生育し収穫に至りました。とくに節分以降の地温の上昇には驚きました。

イベントやＡコープでとれたての鮮度と味が好評

外気温が低く、このハウスでの栽培が初めてのせいもあってか、栽培期間中は病害虫の発生がなく、文字通り無農薬有機栽培が実現しました。

収量は四回の作付けで一m^2当たり平均約三kgでした。初めての本格的取り組みで食べたわが家のホウレンソウの味も、あのとき試食した物と遜色なかったので感激し安堵しました。

ホウレンソウはイベントや地元Ａコープで直売しています。全部で二二〇〇袋あまり出荷しましたが、冬季の地元産葉物は珍しく、とれたての鮮度と味が好評で売れ残りませんでした。

今はまだ地元の、限られた方に食べていただいているだけですが、日照が多い冬の十勝の気候を活かし、エコでおいしい葉物野菜をこれから多くの方がつくり、「野菜は一年中十勝産」となることを願っています。

有材心破用のトレンチャーと堆肥投入後のロータリ以外は機械を使わない不耕起栽培でもあるので、高齢者や新規就農など、新しい形での展開も期待できると思います。

技術的には、生育にムラがあるなど露地とは違うハウスでの野菜つくりに奥の深さを感じていますが、この経験を活かしてこれからも無加温ハウスでのホウレンソウ栽培を続けていきます。

ご指導いただいた母校帯広農業高校に感謝します。

現代農業二〇一二年十二月号
バーク蓄熱で冬の十勝でホウレンソウ

地温を保つのはバーク資材が含んだ水

バーク資材が水と温度を蓄える

平均気温が零℃を下回る日が続く十勝の冬。無加温のハウスでホウレンソウが育つのはなぜだろうか。

2011年12月号で帯広農業高校の実践を紹介してくれた飛谷先生によれば、真冬の北海道で野菜をつくるうえで難しいのはかん水と地温の確保。それを可能にしているのは、作付け前の有材心破で多量に埋めたバーク資材だという。

使用しているバーク資材は3～5年寝かせて十分に腐熟したもので、堆肥化過程の発酵熱であたたまっているのではない。ハウス内に1mごと、深さ50cmに埋めたバークが多量の水を保持し、その水が日中の太陽熱を蓄熱するので夜間も地温がさがらないのだという。

水が蓄えられるので、こまめなかん水も必要なくなって省力化も実現できるとのこと。編

ハウス内に1mおきに埋めたバーク資材が水と太陽熱を蓄える

Part4
病害虫に強いハウス

ついたてネットハウスの外観（124p、白井英清撮影）

サイド開けっぱなしでも害虫が入れない

ついたてネットハウス

香川県高松市　中條一

側面から見たところ。高温時はハウス入口も開放。ただし害虫侵入を防ぐために入口にもパオパオ（不織布）を斜めに張る（矢印）。なお、ネットは白よりも黒色がより効果的　（白井英清撮影）

ハウスのサイドを開けっぱなし!?

父親が長年「愛知早生フキ」の栽培を行なっていたビニールハウスを引き継ぎ、アスパラガスの栽培を始めて、約五年が経過します。

フキの栽培は大変な労力が必要です。水稲や果樹の栽培もしていますから、フキをやめてアスパラガスに転換してやれやれと思っていました。ところがこれが、思いのほかアザミウマなどの虫害、茎枯病や斑点病などの病害に悩まされることが多く、また強風や豪雨で壊滅的な被害を受けることもあり、栽培管理の大変さを思い知らされました。

さらに、夏季の高温によるムレなどの障害対策や、枝葉の繁茂による薬剤散布の難しさなど、アスパラガスには夏場の課題が多いのです。そんななか、県の農業試験場および農業改良普及所の方々から、対応策として紹介されたのが「ついたてネット」です。じつは、私自身は内容があまり理解できないうちに設置を行なうことになりました。

その構造はサイド面を開放したハウスの周りに一m幅のタイベックマルチを敷きつめ、さらにその外側をパイプに吊るしたネットで囲うというものです。サイド面が開けっぱなしで、確かに涼しそうですが、これでアザミウマなどの飛び込みを防止できるとはとても信じられませんでした。ついたてを飛び越えて入ってくると思ったのです。

アザミウマが大幅減
涼しくて作業もラクに

ところが、実際に設置してみると、アザミウマの発生が大幅に減り、アブラムシやダニの発生も抑えられたので驚きました。年間の防除回数は、以前一二回程度やっていたのが、四～五回までに減り、労力と経費の大幅な削減につながりました。

この方法では、ハウスの内部で害虫が増殖するのを防ぐことはできませんが、外からの侵入を抑えて防除回数を削減できたのは明らかです。今後の生産規模拡大へ希望の持てる結果でした。

また、サイドが開けっぱなしですから換気が良好で、涼しくて作業がラクになりました。アスパラガスの生育に適正な温湿度を保つことができるのも、栽培管理の面で大変よかった点だと思います。

あとで知ったことですが、飛んできた害虫はついたてネットでとまり、タイベックマルチの反射光による行動撹乱効果によってハウスの中に入ってこれないそうです。

設置が簡単で耐用年数も長い

構造は簡単で、容易に設置ができます。強風時にネットを張ったままにしておくと、風圧で支柱のパイプが湾曲するおそれがあり、掛け外しが容易にできるように、S字型のフックをネットのハトメにつけて、上部のパイプに引っ掛けています。

作製用資材は、タイベックマルチ（幅一m×五〇m）を二巻と、ダイオ化成（株）製の白い防風ネット（ラッセル編み一㎜目合い・幅二m×五〇m）を二巻、直管パイプ（二二㎜径×五m）を六〇本で計一〇万円程度となりました（その後の研究では、ネットは白よりも黒色のほうが効果的だそうです）。

耐用年数が長く、薬剤散布の大幅な削減ができることなどから考えると、「ついたてハウス」の費用対効果はかなり高いと思います。

設置から運用まで一貫して支援していただいた、香川県農業試験場、農業改良普及所の皆様に心から感謝です。

今後の希望としては、香川県育成品種のアスパラガス「さぬきのめざめ」の作付けを行ない、規模拡大で増産を目指していきたいと考えています。

現代農業二〇一三年六月号
サイド開けっぱなしでもアザミウマが入れないついたてハウス

ネットの構造

上部はS字型フックでハトメとパイプを引っ掛けて固定
防風ネット（約1mm目合いラッセル織）
高さ2m
縦パイプ間隔2m
下部はパッカーでパイプに固定

ネットの配置状況

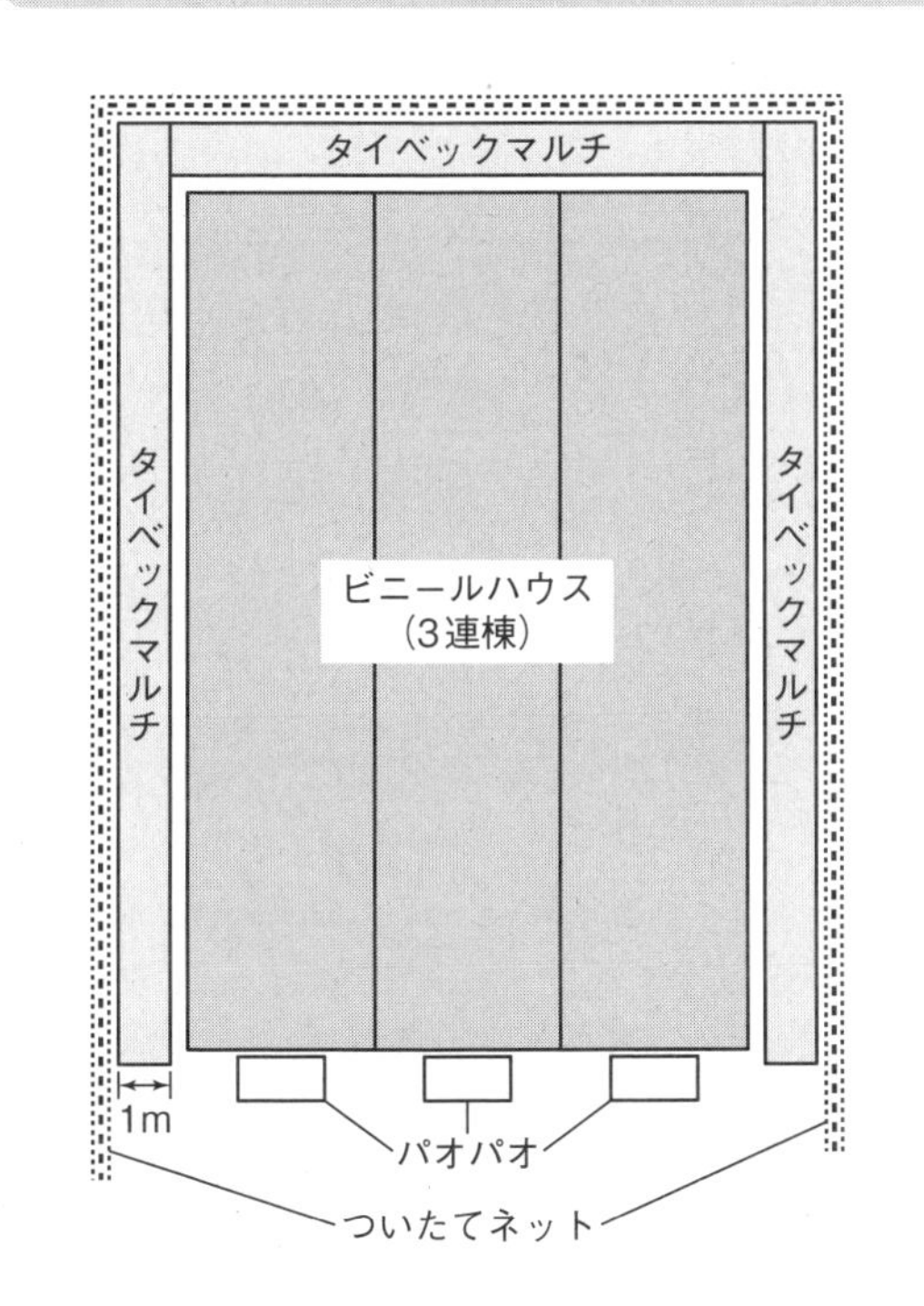

「超簡易ネットハウス」でキクのオオタバコガを撃退

奈良県葛城市　田仲清高さん（編集部）

1.3haでキクをつくる田仲清高さん。これから防虫ネットを張って「超簡易ネットハウス」にする圃場にて。設置は春から秋。冬は雪が降るので取り外す

奈良の露地ギク産地で、近年大問題になっているオオタバコガ。この被害を食い止めるために奈良県農業総合センターが開発した「超簡易ネットハウス」が県下で急速に広まっている模様。低コストで、農家が自分で設置できるところがいいらしい。

キクづくり四〇年のベテランで、いち早くこのネットハウスを導入した田仲清高さん（六二歳）の圃場に伺った。

週一回の防除でも追いつかない

田仲さんもやはり、オオタバコガにはかなり悩まされてきた。

「この虫は、一週間に一回消毒してても追いつきませんのや。最初は一割二割の減収で済んどったんですけど、ひどくなってきたら品種によっては半分くらいダメになってしもうて…。もう、どないしようかって感じでした」

被害が大きくなるのは八月の盆過ぎから十月いっぱいまで。二通りのやられ方がある。

▼蕾の中に入る

ひとつは「蕾が膨らんできて、ええ感じになった」ときにやられるパターン。小さな幼虫が蕾の中に潜り込み、出荷後にお客さんの家で花が咲くころにバクバク食べ始める。幼虫は一輪に一匹ずつ入り、花を全部食べ尽くす。それで、お客さんからクレームがくる。

出荷するときは、花がひらく前なので、農協の検査員でも幼虫の侵入を見つけるのは至難の技なのだ。

奈良県葛城市の名産である二輪ギク

▼生長点だけを食べて、隣に移る

もうひとつは、伸び盛りのキクが生長点だけを食べられるパターン。本当は、その株だけを食べてくれればいいのだが、幼虫はひとつの株の生長点を食べ終えると、隣の株に移って、また生長点だけを食べ、また隣に移って生長点だけを食べる。その本数は一匹で二〇本くらい。生長点をなくしたキクは伸びないので商品にならなくなる。

オオタバコガの雌成虫は卵を二〇〇個ほど産む。そんな幼虫が二〇〇匹もいたら…恐ろしい。

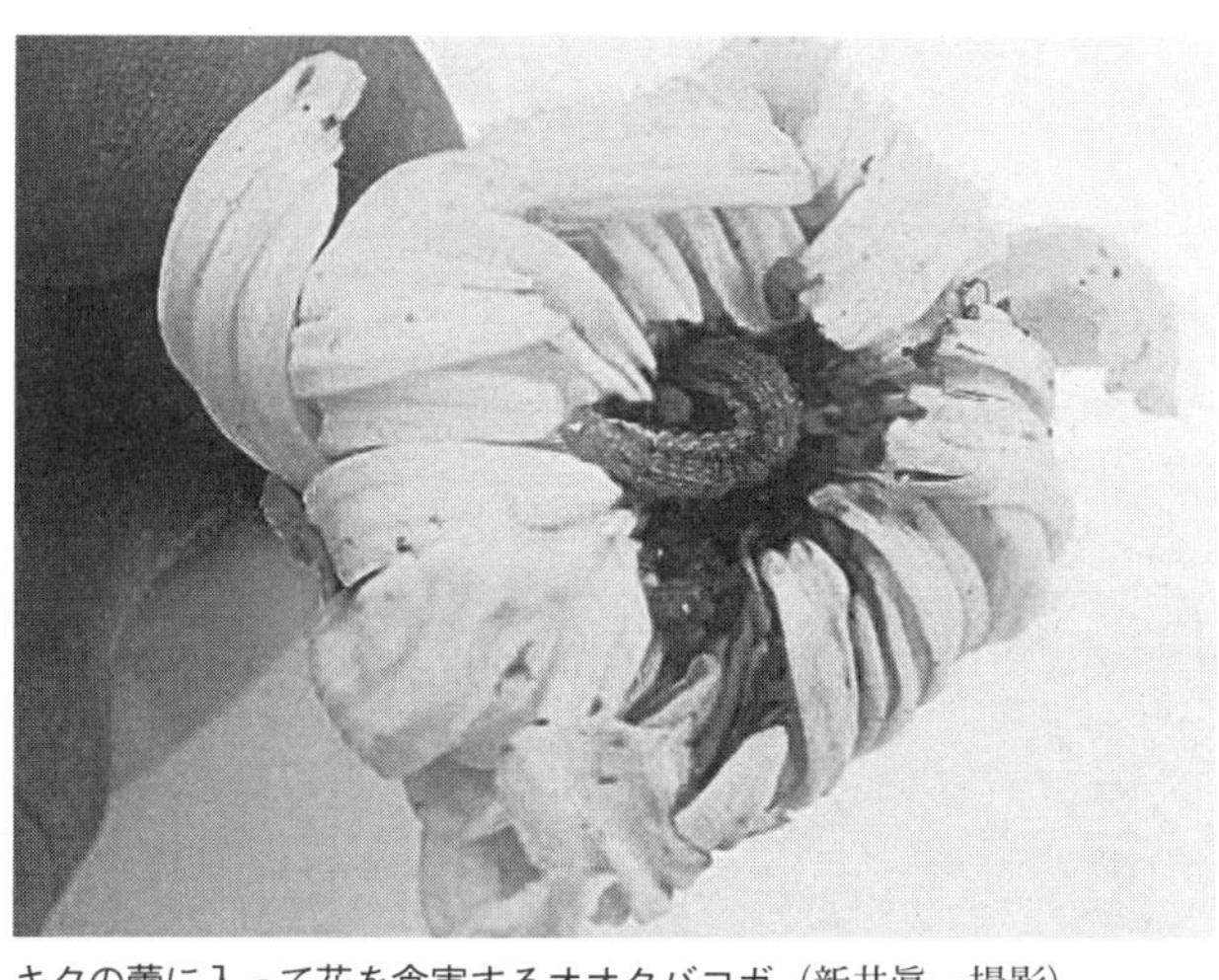

キクの蕾に入って花を食害するオオタバコガ（新井眞一撮影）

クスリで抑えられない理由

田仲さんが、オオタバコガの被害を深刻に思うようになったのは一五年ほど前からだ。以前のようにクスリが効かなくなったのは、温暖化や薬剤抵抗性などの影響があるかもしれないが、そもそもキクで被害が拡大するのは、こんな事情もある。

オオタバコガが猛威をふるう八月は、キク農家にとっては一番の稼ぎ時。値段がいい盆出荷に合わせて面積を増やすので、一番忙しい時期でもある。防除に手が回らなくなり、散布間隔が少しでも延びると一気にやられてしまう。

また、一週間に一回しっかり防除をしていても「追いつかない」のは、キクの生長の仕方にも関係があるようだ。夏場のキクは生育が早く、品種によっては一日に一㎝くらい伸びる。クスリをかけても翌日には新芽が伸びてきて、クスリのかかっていないその新芽に入られればアウトになるからだ。

ネットハウスで被害ゼロ！

田仲さんが「もうクスリでは対処できん」と思っていたときに、舞い込んできた話がネットハウスだった。県の指導所から「パイプハウスの支柱にネットを被せる試験をしてほしい」と依頼され、四㎜目合いの防虫ネットを支柱に被せて試験した。すると、その圃場はオオタバコガの被害がウソみたいに出なかった。防虫ネットの効果をまざまざと感じた出来事だった。

ただ、ここは露地ギク産地。田仲さんはハウスもあるが、水稲との輪作で田んぼにつくる露地の面積のほうが大きい。ここでもネットが張れないか…。

県のほうでも、田仲さんのような思いを持つ農家と一緒になり、簡単にネットが張れる方法を考えた。そうして試作を重ね、六年前についに完成したのが「超簡易ネットハウス」だ。

一〇a当たり約二九万円 どこでも気軽に設置できる

大まかな構造は、畑の周囲に逆U字型のキュウリ支柱を立て、上部にエスター線（樹脂線）を張り、その上に四㎜目合いの防虫ネットを被せるというもの。

経費は一〇a当たり約二九万円。耐久性のある本格的なネットハウスは三〇〇万円かかるので、それに比べると一〇分の一で済む。

「見たら簡単すぎるくらいの構造やから、最初はすぐ潰れるんちゃうかと思いましたけど、案外しぶといんですわ」

一〇aの畑に設置する時間は、慣れれば二人で一日でできるという。田仲さんは、キクの連作障害を避けるために毎年圃場を変えている。どこでも気軽に設置できるという点でも、このネットハウスが気に入っている。今は六反の露地ギクのほとんどに、このネットハウスを導入している。

防除回数を減らせるかもしれない

オオタバコガの被害は完全に抑えられるようになった。たいへんな成果だ。ただ、田仲さんのクスリの散布回数は、今のところ以前と同じ「一週間に一回」。ネットの目合いが四㎜なので、アブラムシやアザミウマなどの小さな虫は抑えきれないと思うからだ。

しかし地域では最近、このネットハウスを導入してクスリの散布回数を三分の二に減らせたという人も出てきた。なぜか土着のカブリダニが居着くようになり、ダニ剤を使わず

「超簡易ネットハウス」の立体図

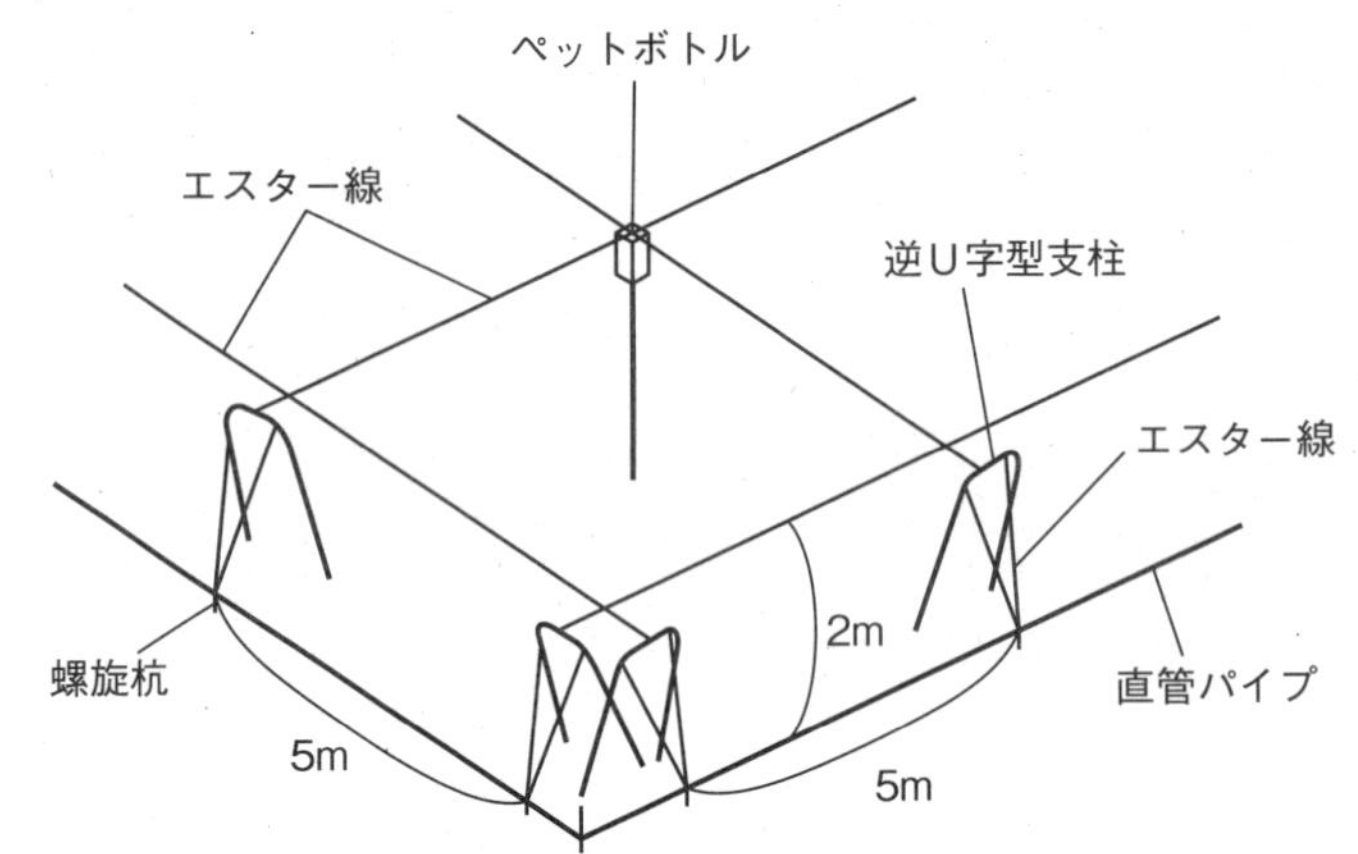

畑の周囲5mおきに逆U字型支柱を立て、上部をエスター線で結ぶ。その上に防虫ネットを被せる。畑の周囲には直管パイプを這わせて螺旋杭で固定。ここにパッカーで防虫ネットを留める

「超簡易ネットハウス」の内部。支柱の上には底部を十字に切ったペットボトルをはめて、エスター線を固定

に済んだという人もいる。田仲さんもクスリを減らせるかもしれないと思い始めているところだ。

遮光効果で品質アップ

思いがけない効果もあった。

「ネットを被せることでキクがしなやかになったんですわ。虫だけを抑えることしか頭になかったけど、品質がいいということで、市場評価も上がった。ネット被せてるといったら指名買いもしてくれる。一本五〇円くらいの単価が一〇円アップ。一〇円といったら、経営的にもごっつい違いますやろう」

ここは盆地特有の暑さで夏は気温が高い。そして強烈な日射しを受けると、キクは「ゴツゴツしてバリバリした感じ」になる。しかし、ネットを被せると、遮光効果でしなやかな美しい姿になるそうだ。


「超簡易ネットハウス」の資材費（10ａ当たり）

資材名	数量	単価	耐用年数
逆U字型支柱（7分）	38組	6万800円	10年
直管パイプ（6分）	26本	1万9,760円	10年
螺旋杭	72個	2万160円	10年
カナメックス（パイプ固定金具）	8個	576円	10年
樹脂線（エスター線）	807ｍ	4,939円	3年
パッカー	94個	4,700円	5年
防虫ネット（4㎜目合い）	1456㎡	15万5,792円	5年
ビニールテープ	1本	100円	1年
消費税		2万1,246円	
合計		28万8,073円	

台風が来たときはネットを外す

今のところ「唯一の欠点は台風に弱いこと」。強風に遭うとネットが破けてしまうので、台風のときはすぐにネットを外さないといけない。これが忙しい時期だと、けっこう大変なのだ。だが、「それ以外は、いうことなし！」と田仲さん。一〇ａ約二九万円の設置コストなら、一年で元がとれるし、品質がよくなって売上アップにもつながる。

「これからはこれを使わんといいキクがつくれんと思う」

県下の露地ギクでは今、このネットハウスが一二haまで広がっている。

現代農業二〇一四年六月号
「超簡易ネットハウス」でキクのオオタバコガを撃退

雨・病気・害虫に強い！

農薬を減らせる4MKハウス

東京都清瀬市・小寺正明さん（編集部）

4MKハウスの前に立つ小寺正明さん。2.5haの畑のうちハウス75a。ホウレンソウ、カブ、ミズナの周年生産のほか、ニンジン、サトイモを栽培

雨に弱いハウスだった

病害虫に無敵のハウスを作ろうと考えたのは、それまでのハウスは雨に弱く、病害虫にさんざんやられて苦労したからだと小寺正明さん（五四歳）。

「たとえば、雨が降ると、ハウスのサイドのホウレンソウが雨垂れに当たって腐っちゃう。だからハウスの両サイドはタネが播けなかったんですよ」

「それから、ハウスの中を耕耘するたびに土が外に出ちゃって、ハウスの中より外の地面のほうが高くなってた。大雨が降るとハウスに外の水が流れ込んで、ぜんぶ腐っちゃった。せっかくハウスの中を土壌消毒しても、外から病原菌が入ったんだろうね。もう農家やめようかくらいに思ったよ」

「虫対策に防虫ネットも張ってみたけど、

4MKハウスを考案する前に建てたハウス。支柱が少し斜めなので雨垂れが落ちる。ハウスの外からの泥はねなどを防ぐアゼシートをあとから埋めた。このハウスでサイドに防虫ネットを張ると肩パイプの位置が低いので蒸れる

農薬を減らせる「4MKハウス」(間口3.5m)

作付け前の4MKハウス。妻面のパイプは持ち上げてハウスの天井に吊るせるようになっている。トラクタの出入りがラクで、ハウス内で旋回しなくてすむ

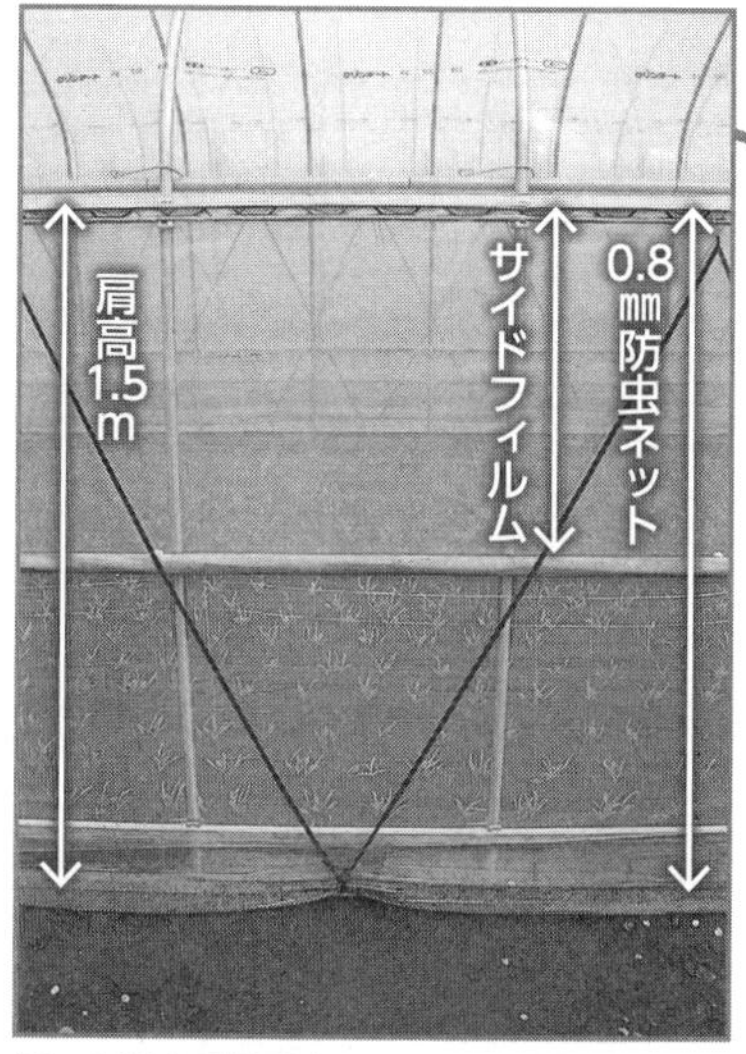

サイドと妻面をネットで覆う

サイドから見たところ。播種後はサイドと妻面をネット（目合い0.8㎜のサンサンネット）で覆う。ふつう1.2mの肩高を1.5mに高くして、風通しをよくした。それでも梅雨どきや高温期は軟弱徒長しやすいので、収穫1週間前からネットを肩までまくりあげる

ハウスとハウスの間に防草シート

草があるとネキリムシなどの害虫のすみかになったりするので、シートで草を抑える

アーチパイプを垂直に立てて雨を入れない

アーチパイプが地面から垂直。雨垂れがなく、野菜が腐らない。かん水コックをハウスの外に、片側散水チューブ（ミストエースS）を吊り具で設置。播種後の出入りが減るので、虫の侵入はほぼ完璧に防げる

地際のアゼシートで泥はねよけ

地際に高さ30㎝のアゼシートを半分埋め込んである。消毒されていないハウス間の土や雨水が入らないので、病原菌をシャットアウトできる

蒸れて野菜が軟弱徒長したからやめた…」

そこで平成十四年、小寺さんたちが開発したのが「4MKハウス」と呼ばれる農薬散布軽減型ハウスだ。

いいものがとれるハウスを

平成十四年、小寺さんは「きよせ施設園芸研究会」を立ち上げる。それまでニンジンなどの露地野菜産地だった清瀬市をもっと収益の上がる施設野菜産地にするためだ。それにはまずハウスを増やす必要があり、いいものをとるには4MKハウスが欠かせなかった。

4MKのMは「武蔵野種苗」や「JA東京みらい」などハウスの考案にかかわった四つの関係機関の名前に入っている文字。さらに、M＝みんなで、K＝清瀬市の農業をよくしようよという気持ちも込められている。

その思いは叶い、現在五三名いる研究会メンバー全員がこの4MKハウスを持ち、東京都エコファーマーの認定を受けている。当時二haほどだったハウスの面積は七～八haまで増えた。

腰高ネットで蒸れ防止

4MKハウスを見せていただいた。一見するとサイドにネットを張ったふつうのハウスのようだ。しかしこのハウスのおかげで、雨でホウレンソウが腐ることはなくなった。

防虫ネットの「蒸れ」問題は、腰高のハウスにすることで解決している。ネットの面積を増やして風通しをよくしたのだ。

雨に強いハウスに

4MKハウスには小寺さんをはじめ研究会のアイデアが凝縮されている。

おもしろいのは、アーチパイプを地面から垂直に立てるだけで雨垂れが防げ、野菜が蒸れて腐ったり、葉が折れたりがなくなること。ちょっとしたことだが、これだけでハウスの端いっぱいまで野菜が播けてお金になる。

また、アーチパイプの内側の地際にアゼシートを埋め込むだけでハウスの外からの泥はねや雨水の浸入が防げ、野菜の腐敗が減る。アゼシートで「ハウスの中と外を遮断」することで、雨に強いハウスにしているのだ。しかも、肥料や堆肥がつくとサビていたパイプが、シートのおかげでサビにくくなった。おかげで一〇年もたなかったパイプがもう一五年もっている。

かん水コックを外に設置
おかげでコナダニが減った

いくらネットを張ってもハウスに出入りが多いと虫が侵入してしまうが、かん水のコックを外に設置することで播種後の出入りを減らしている。このおかげでホウレンソウの大敵のコナダニも防げるという。コナダニは乾燥させると大発生するので乾燥させないことが大事だが、このハウスだと外からコックをひねるだけだからマメにかん水ができるのだ。

ホウレンソウではアザミウマとコナダニが一番の大敵だが、十二月から四月までは播種時の粒剤一回だけですんでいる。気温が高くなってからも、本葉出始めころの殺虫剤一～二回ですんでいる。

「アザミウマやコナダニは使えるクスリが限られます。ここは都市部でハウスが丸見えなのでクスリを少なくしているところも見せたいですからね」と小寺さん。ハウスで防ぐという物理的防除に自信を見せる。

現代農業二〇一三年六月号
雨に強く、出入りを減らせる
葉物産地のオリジナルハウス

素材が進化中 ハウスネット新資材

（編集部）

対タバココナジラミ

▼目合いの細かいネットが進化

タバココナジラミ（バイオタイプQ）が媒介する黄化葉巻病は脅威だから、〇・四㎜目合いよりさらに目合いが細かい、〇・三㎜目合いのネットを選ぶ産地が出てきたようだ。

登場したてのころの〇・三㎜ネットは、価格が高いわりに通気性や耐久性が低かったため、思ったより農家には受け入れられなかった。その〇・三㎜ネットが、いつの間にか進化していた。

二〇一二年にバージョンアップした「サンライトPタイプ」（大豊化学工業）は、〇・三㎜目合いでありながら、空隙率（数字が大きいほどネットの隙間の割合が多く、通気性がよい）は六三％。なんと、〇・四㎜目合いの同社製品よりも二ポイント高い。それでいて、強度は維持して、発売当初より値段も安くなっているという。

そのヒミツは素材と加工方法の変更にある。従来の防虫ネットで使われることが多いポリエチレン製から、ポリプロピレン製を採用することで、糸をより細くすることが可能になった。細くなった糸は五五デニール（繊維の太さの単位。数字が小さいほど細い）。ただし、糸を細くすれば強度が落ちてしまうため、耐候剤を混ぜて紫外線などに強くした。価格は一m²当たり二三〇～二四〇円、耐久年数は三～五年。

〇・三㎜ネットならタバココナジラミの侵入は格段に減ると思うが、被害を一本も出したくないという人には、さらに目合いが細かい〇・二㎜ネットもある。「シャーダスEX―B」（兼弥産業）がそれ。衣類に使うポリエステルを採用し、糸の細さは二五デニール。業界一糸が細く、目合いが細かい防虫ネットだろう。空隙率は五一・七％で、価格は一m²当たり約二五〇～二六〇円、耐久年数は二～三年。現在、より長持ちする新製品を開発中だという。

対アザミウマ

▼光や色で侵入を防ぐ

「スリムホワイト（デュポンタイベック）」（日本ワイドクロス）。タイベックマルチでおなじみの素材を張ったネットで、光を反射する。おかげでキクの花に潜ってしまうやっかいなアザミウマ被害を減らすことができる。アブラムシやコナジラミなどにも効果があり、夏場の高温対策にもなる。

アザミウマ対策では現代農業二〇一三年六月号に登場した赤いネット、「サンサンネットe―レッド」（日本ワイドクロス）には、新たに〇・六㎜目合いのタイプが登場している。現状、〇・六㎜目合いタイプを利用することが多いキュウリやナス農家向けの商品だ。

防虫ネットの目合いと防げる害虫

目合い	害虫
4㎜	オオタバコガ
0.8㎜	アブラムシ類
0.6㎜	ハモグリバエ類
0.4㎜	アザミウマ類
0.3㎜	コナジラミ類

現代農業二〇一四年六月号
素材が進化!? ハウスネットに新資材

ハダニもあきらめて退散 〝ダニがえし〟の威力

井上雅央　奈良県農業試験場

除草剤や残渣すき込みが ハダニ発生の引き金だった

ハダニ被害の事例を検証してゆくと意外な結果がでる。よかれと思ってやった雑草とり、残渣のすき込み、下草摘みなどが、被害発生の引き金となってしまったケースが意外に多かったのである。

これらの作業で生じた植物残渣は数時間の内にしおれ始める。植物にいたハダニは、いっせいに離れ、新しい餌を求めて歩行移動を始める。圃場に到達したハダニは野菜や雑草など身近な餌に定着する。施設での被害が入り口やサイド側の畝で出やすいのはこのためだ。こうした被害や雑草が次の発生源となってゆく。

しかし、ハダニは成虫でも体長が○・五㎜と随分小さい。移動や施設への侵入があっても、なかなか発見できるものではない。それに、隣の圃場の管理作業、圃場の横を走る国道の除草など、移動のきっかけは他人によっても作られる。

ハダニは餌を求めて とにかく高い所へ登ってゆく

それではハダニの移動を常に阻止するような工夫はないものだろうか。

試験用の広口のビンで飼育しているハダニは餌が悪くなると、せっせとビンの内側を上ってくる。上りつめるとビンの口をぐるぐる回り始める。外側に向かって降りようとはしない。ついにはビンの口はダニだらけとなる。そして、ビンの外側へ転落したダニだけが脱出に成功する。

餌を求めて歩くときは、とにかく高い所へ高い所へと上ってゆくのがはダニの習性のようだ。

ビニールの壁に ヒサシをつけて、落っことす

そこで、もし、途中にヒサシのような折り返しを設けておけば、ハダニはヒサシ部分で右往左往するに違いない。転落しても、それは自分が上ってきた側に限られるはずだ。

こうして生まれたのが、〝ダニがえし〟である。というほど大袈裟なものではない。

左ページの図のように単にビニールフェンスの上端を折り返しただけである。折り返し部分の幅は一○～二○㎝。四五～六○度の角度で折り返す。設置するのは雨除けハウスのサイドや、残渣処理用の囲いだ。

古ビニールで十分だが、○・一㎜程度の厚さのものが風に強くてよい。折り返し部分の角度を保つ方法はどうやってもよい。私は発泡スチロールの廃材を包丁で三角形に切り、農業用両面テープで固定している。

ダニがえしのありなしで ハダニ被害に大差

ダニがえしを装備した雨除け施設と、対照施設でハダニの侵入程度を比べてみた。施設周辺にハダニが寄生した残渣を捨て、施設内のホウレンソウへ到達するハダニ数を調べるというものだ。

雨除け施設サイドの“ダニがえし”

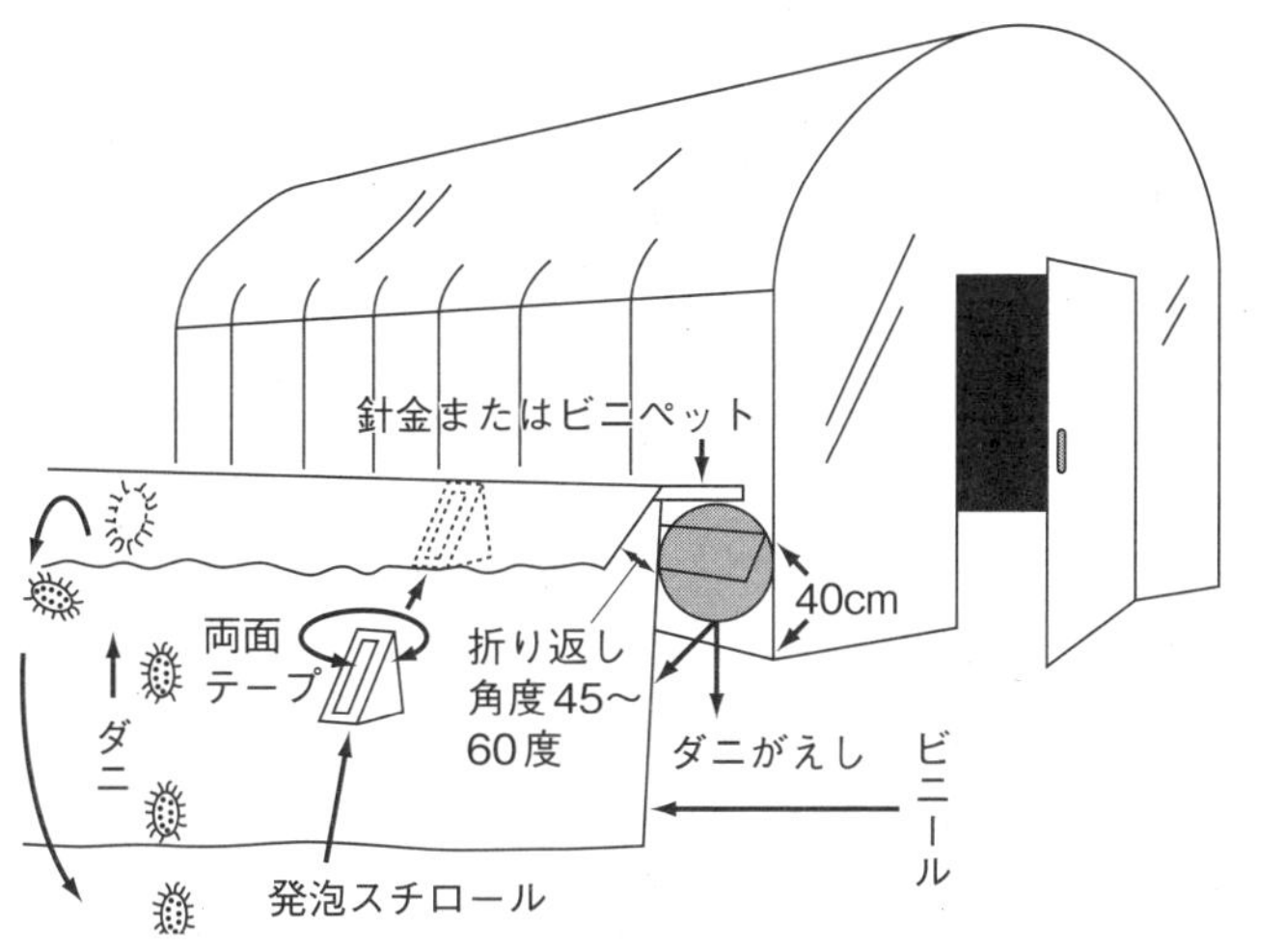

対照施設で、翌日には一株あたり五・二匹の親ダニが到達していた。これに対し、ダニがえしを装備した施設では〇・八匹以下に抑えられた。この差は決定的で、ダニがえしの施設では被害はほとんどなかったが、対照施設では収穫皆無となった。

また、一昨年露地圃場でナスを栽培したところ、定植直後からカンザワハダニが多発した。隣のイチゴ親株圃場が発生源であった。

そこで、イチゴとナスの圃場間に、高さ四〇cmのダニがえしを設けたところ、昨年はハダニの侵入がほとんどなかった。

別の試験では、イチゴ残渣を野積みしただけの場合と、残渣処理用の囲いに投入した場合とを比較した。残渣の野積みの場合では、周辺雑草のイヌビユや隣接圃場のインゲンで翌日からハダニが急増したが、囲いに投入した場合は周辺でのハダニ増加は見られなかった。

ダニがえしの限界

しかし、ダニがえしはハダニの歩行移動を阻止する、二四時間態勢の守りだ。そのうえ、苗とともに持ち込まれたり、圃場内の雑草に定着したハダニに対しては、ダニがえしはまったく無力である。したがってハダニを施設内に持ち込まないための配慮も不可欠である。

現代農業一九九〇年六月号
ハダニもあきらめて退散 “ダニがえし”の威力

タバココナジラミの侵入許さず！

これが忍者屋敷ハウスの秘密

栃木県上三川町　野沢周司さん（編集部）

栃木県上三川町では一昨年から黄化葉巻病が多発し始めた。そんななか、桃太郎コルトを二〇a栽培する野沢周司さんは、無農薬のハウス（一〇a）でもほとんど被害を出していない。その秘密は、タバココナジラミの侵入を何段階にもわたって阻む、忍者屋敷のようなハウスの構造にあった。

根域と土壌水分を制限した野沢さんの高糖度トマト

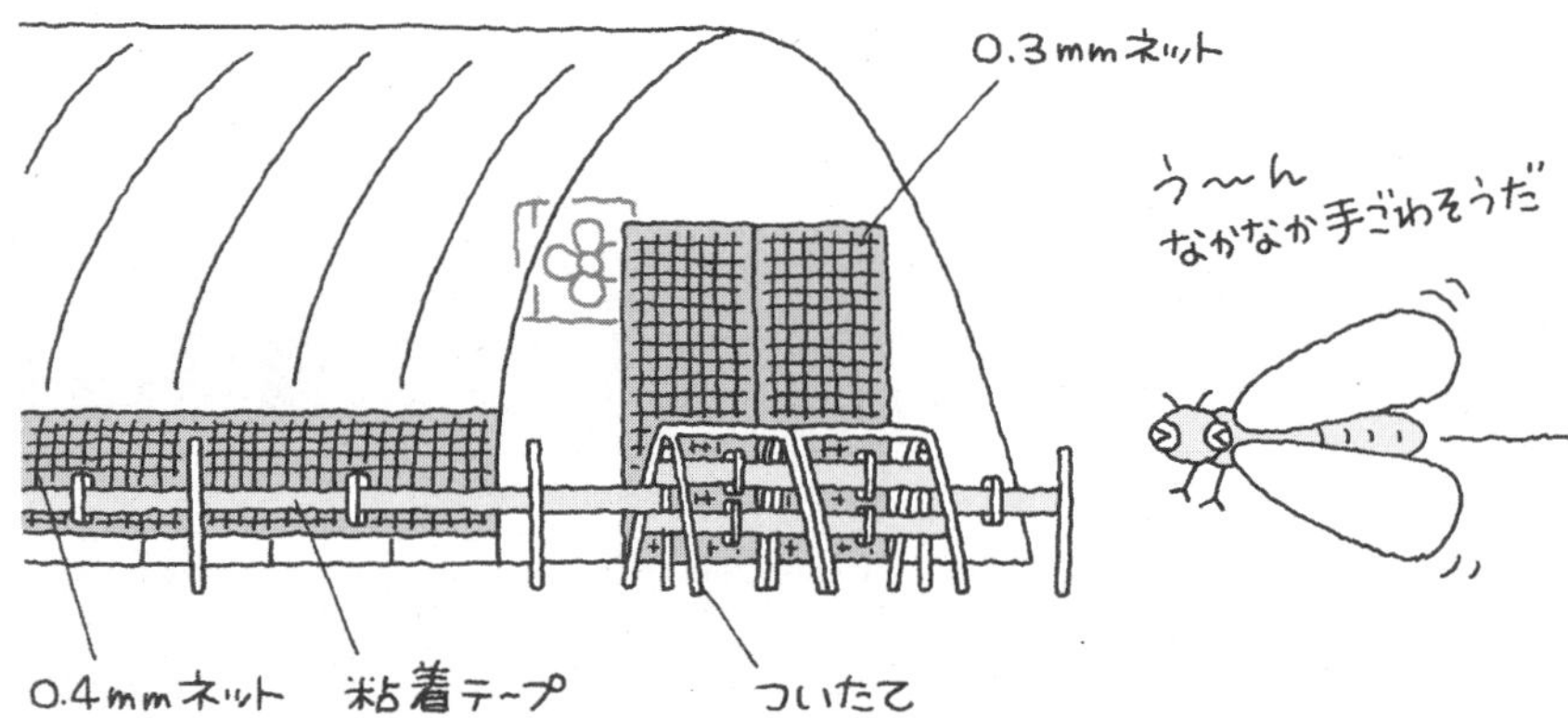

ハウスの出入り口前にはハウスパイプに粘着テープを張った自作のついたて。出入りの際には横に動かす。出入り口のネットは0.3㎜

コナジラミが多く飛ぶと聞く30㎝の高さで粘着テープをグルリ。ところどころ割りばしではさむと、テープのよれが防げる

もともと15㎝幅の粘着テープを「押し切り」でまっぷたつに割って使用。2倍使える

ハウス周りに侵入阻止の防草シート+粘着テープ

まずはハウスの周りを防草シートできっちり覆って、コナジラミのすみかとなる草を生やさない。ハウスの外周には黄色い粘着テープ（ホリバーロール）を高さ三〇㎝にグルっと張りめぐらし、侵入前にできるだけ捕獲する。そしてハウスのサイドには〇・四㎜目合い、出入り口には〇・三㎜目合いの防虫ネット。これだけでも容易には侵入できない。

換気扇の風圧で出入り口のガード

だが、ハウスを防虫ネットで覆っても、戸の開閉時にコナジラミが入る危険がある。この問題を解決してくれたのは、知り合いの資材屋・（有）農業開発の木村和明さん（TEL〇九〇―八七八七―六三五四）だった。出入り口に換気扇を設置し、風圧で侵入を防ぐ方法。有圧換気扇が六万円、戸の開閉を感知するマイクロスイッチが一万円余、その他材料代などで計一〇万円かかったが、その価値は十分あると野沢さん。

出入り口を入ると斜め上から換気扇の風が吹きつける。ケガをしないよう、換気扇は金網で覆ってある

ハウス内部に縦横に張りめぐらされた粘着テープ。地上30㎝のテープは定植の翌日に張る。通路上のテープも天窓からの侵入に備え、早めに張るのがオススメ。上から垂らすのは、トマトの背丈が地上150～160㎝に達してからでいい。長さは50㎝以上

天窓からの侵入には粘着テープで拡散を許さない

天窓の防虫ネットは一・〇㎜目合い。ここからまれに侵入を許すこともあるが、ハウス内に縦横に張りめぐらされた粘着テープが拡散を許さない。また、天敵のサバクツヤコバチも頑張ってくれている。今後は野沢さん、天窓のネットを〇・四㎜にすることも考えており、さらに完璧なハウスを目指す。

現代農業二〇〇九年六月号
これぞタバココナジラミに負けないハウス

Part5
ハウス管理を上手に、ラクに

2人でできる大型ハウスの
張り替え（140p）

内張りもラクラクできる（152p）

長さ30mの天井フィルムを左右から引っ張る。短いから二人でも十分に広げられる

大型ハウスの張り替えも二人でできる

「サロンパス張り」の現場を見た

熊本県宇城市　高木理有さん（編集部）

ハウスの天井フィルム（PO）は四、五年もすれば交換時期を迎える。大型ハウスともなれば一〇人以上もの人を雇って行なう大仕事になるが、高木さんはこれをたった二人でやってしまうという（現代農業二〇一一年七月号参照）。当然、日当（人を雇えば一人当たり二万円が相場）が節約できるわけだが、二人作業にはそれ以上の「いいこと」があるんだそうだ。

今年はいよいよ天井フィルムを交換すると聞いて、これは見逃せないと現場に向かった。

切り分けた三〇mフィルム三枚を「サロンパス張り」

ミニトマトをつくる高木さんのハウスは長さ九〇mの連棟ハウス。前日に一枚目を張ったというハウスの天井を見上げると、フィルムが張ってあるのは手前の一部だけ。あとはハウスの骨組みがむき出しで、雲一つない真夏の青空が直に見える。ふつうなら写真のように天井全面を九〇m一枚のフィルムで張るので、高木さんのハウスは何とも奇妙な格好だ。

しかし、これこそが二人でフィルム張りができる秘訣。高木さんのやり方は、三〇mに切り分けた三枚のフィルムを張り合わせている。名付けて「サロンパス張り」。

三〇mのフィルムなら重さは二五kg程度だ

90mハウスの天井を3等分して30m×3枚のフィルムを張り合わせている。3m間隔で取り付けた「垂木」（アーチパイプに取り付けたビニバー）にスプリング留めをしている（矢印）

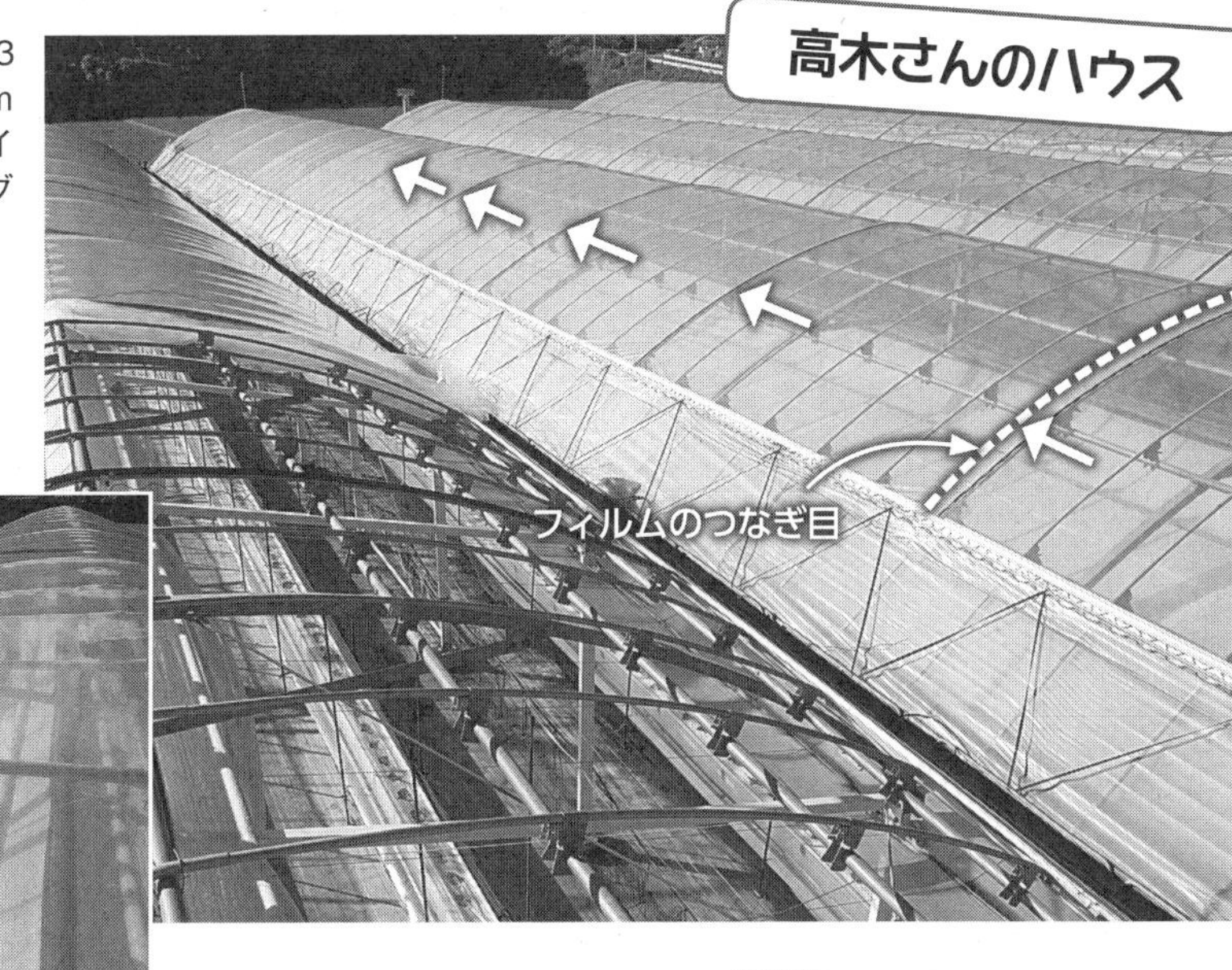

フィルムにはまったくたるみがない

ハウスの長さ分の一枚フィルムで覆い、真上（峰）をスプリングで留めるのが通例

から、一人で抱えて梯子を上ることができるし、天井に伸ばしていくときにもフィルムの先に引っ張る人が左右一人ずついれば事足りる。大きな面積を分割することが二人作業のコツ。

フィルムの部分交換ができて安上がり

「サロンパス張り」はフィルムが破れたときにはるかに安い値段で、しかも早急に張り直せるのもいいところだ。

そもそも高木さんがサロンパス張りを思いついたのは、張り替えて二年目に来た台風で少し破れただけのフィルムを一枚丸ごと張り替えることになってしまい、悔しかったからだ。

災害があったときはたいてい近所の農家も被害にあっている。人が集まりにくいときでも「サロンパス張り」なら二人であっという間に修復できるのだ。

POフィルムは温度が高い昼に張る

高木さん曰く、「POフィルムは温度に敏感。日中と夕方の気温差で一％伸縮する」。

とすると、九〇mのフィルムは日中、九〇cmも伸びていることになる。

「夕方に張ったハウスは日中ブカブカしてるからすぐわかる。たるんだところから集中して露が落ちて、そこから病気が出るんだ」

だから高木さん、POフィルムを張るのは気温が一番上がる夏の昼間と、徹底している。フィルムが伸びきる時間帯にグイグイ引っ張ってスプリングをはめていくと、日中でもたるまない張り方ができる（図）。

そして、このときもやっぱり二人がいい。何人もで引っ張ると力の加減がバラバラになり、きれいに張ることができない。二人なら

フィルムを留める手順

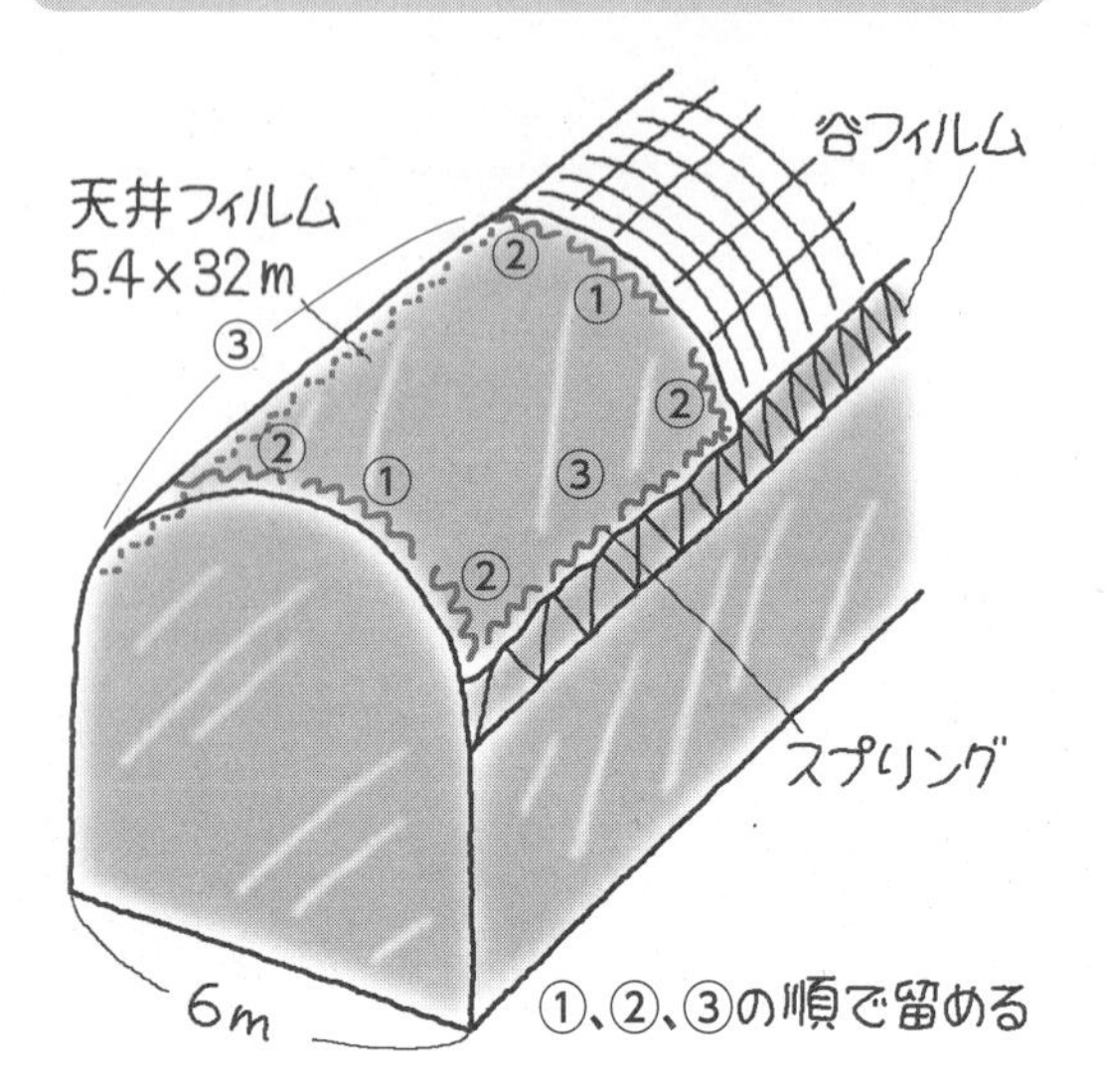

垂木の仕組み

アーチパイプに平行に留められるくさび（「新平行パイプジョイント」東都興業）で「緑のビニバーα」（佐藤産業）を取り付け、端は「緑のツユトルバイ」（佐藤産業）に掛かるようにする。この上からフィルムを掛け、ビニバーとツユトルバイにスプリング留めする

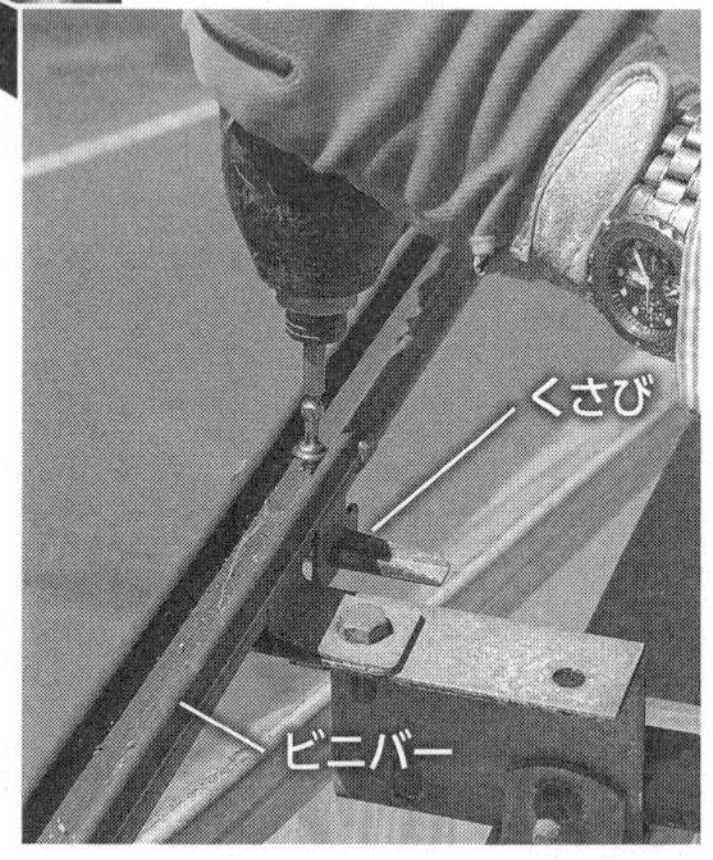

ビニバーはくさびで留めたあと、強風ではがされないようビス留めする

〈緑部材へのこだわり〉

高木さんが使うビニバーやツユトルバイは佐藤産業の緑のシリーズ。高木さんによると、シルバーだと日光がキラキラと反射して鳥がフィルムをつつきに来るが、緑色だと反射しないので鳥にいたずらされることがない

左右で引っ張りながら同じ速度で進むのでまっすぐに張ることができる。

垂木三mピッチは風に強い

「サロンパス張り」のコツは、三m間隔で設置する垂木（ビニバー、ビニペットと同じようなもの）にフィルムを留めることにもある。

留める箇所が多いほどフィルム一区画の面積が小さくなり、よく固定されるので、バタつきが抑えられて破れにくくなる。三mの幅としているのは、風速五〇m／s級の大型台風にも耐え得るであろうという予測のもと。

また、以前くさびだけで留めていたビニバーが風ではぎとられた経験から、今ではビニバーの上からビス留めをして強化している。

垂木はハウスに浸入する雨水の排水ルートになる

天井フィルムは、どんなに張り方を工夫しても三カ月も経てばスプリングの辺りに破れる箇所が出てくる。高木さんは、破れから浸入する雨水の排水も考えた留め方をする。

たとえば、一般的な留め方の場合、破れから入った雨水は天井に逃げ道を見つけることができず、真下にボタボタと落ちる。すると、そこにある作物から病気が出やすくなってしまう。

一方、「サロンパス張り」の場合は、浸入した雨水がアーチ状の垂木を伝って天井側面にある排水部分に流れ込む。雨水を積極的に排水することができるので、フィルムが少しくらい破れても怖くはないのだ。

徹底的にハウスにこだわる高木さん。聞けば聞くほど、「サロンパス張り」はいいことずくめだ。

現代農業二〇一二年十一月号
大型ハウスの張り替えを2人で「サロンパス張り」の現場を見た

排水の仕組み

フィルムをはいだ状態の排水部分。矢印はハウス内側の水の流れ

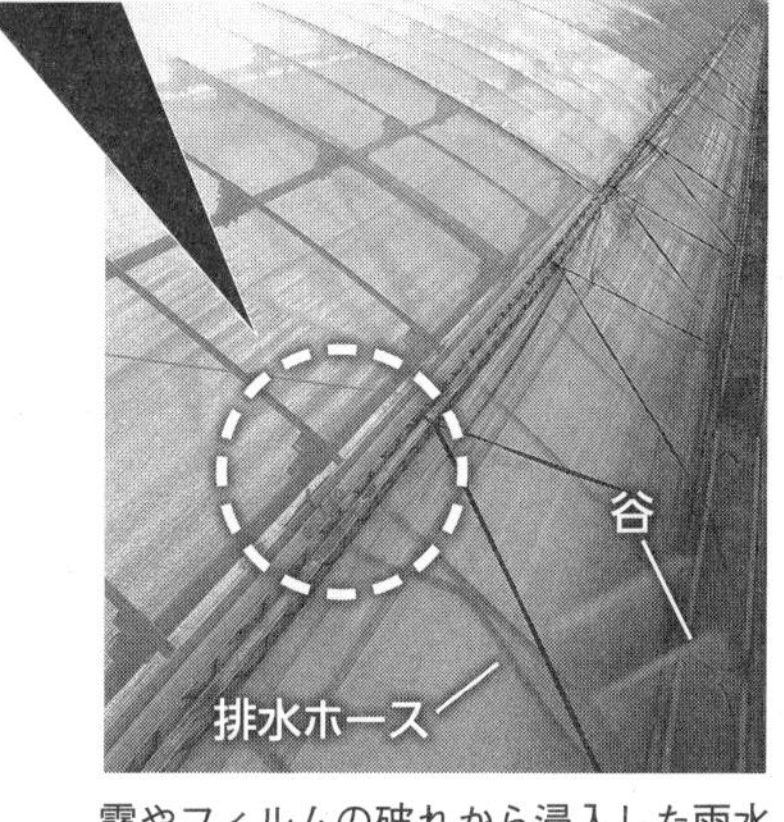

露やフィルムの破れから浸入した雨水が回収され、排水ホースを流れて谷に排水される。ホースの先は谷フィルムの下を小さくめくって谷に出す

〈異なるメーカーの組み合わせ〉

高木さんは天井フィルムと谷フィルムとのつなぎ目に、佐藤産業の「緑のツユトルバイ」と東都興業の「ツユトールジョイント」を取り付けている。「ツユトルバイは溝が深いからスプリングが2本はめられるし、ツユトールジョイントはツユトルバイの裏についた露も回収できる溝がある」と、資材にこだわる高木さんが選んだベストコンビ

果樹ハウスも側面から張れば上がらずにすむ

山形県東村山郡中山町　結城昭一

ハウス側面からビニールを張る

サクランボ雨よけハウスが普及して三〇年。ようやくビニール張り作業の大部分を地上でやれるようになり、高齢農業も一〇年延長が夢でなくなった。

ハウスのてっぺんに上げてから広げる今主流のやり方でも改良可能だが、高コストになり普及は見込めないだろう。少なからずハウスに上がる必要がある。新方式は既存の概念を払拭し、ハウス構造の部分変更（特許申請中）とマイカー線の新操作法（特許）の二つの技術をベースに、ハウス側面からビニールを張る方法に切り替えた。これだとほとんど地上で作業ができる。

昨年まで二つの方法を検討。一つは人間の代役をする小道具を用いる方法であり、本誌二〇〇六年三月号に紹介していただいた。二つ目は展張装置をハウス本体に組み込む方法。昨年、新聞記者立ち会いのもと実験ハウスで実演したところ、展張を一分でやることができた。

今回紹介するのは、前者の小道具、仮称「引っ張り具」の改良版である。

図1　ひとりで3器の引っ張り具を使うやり方

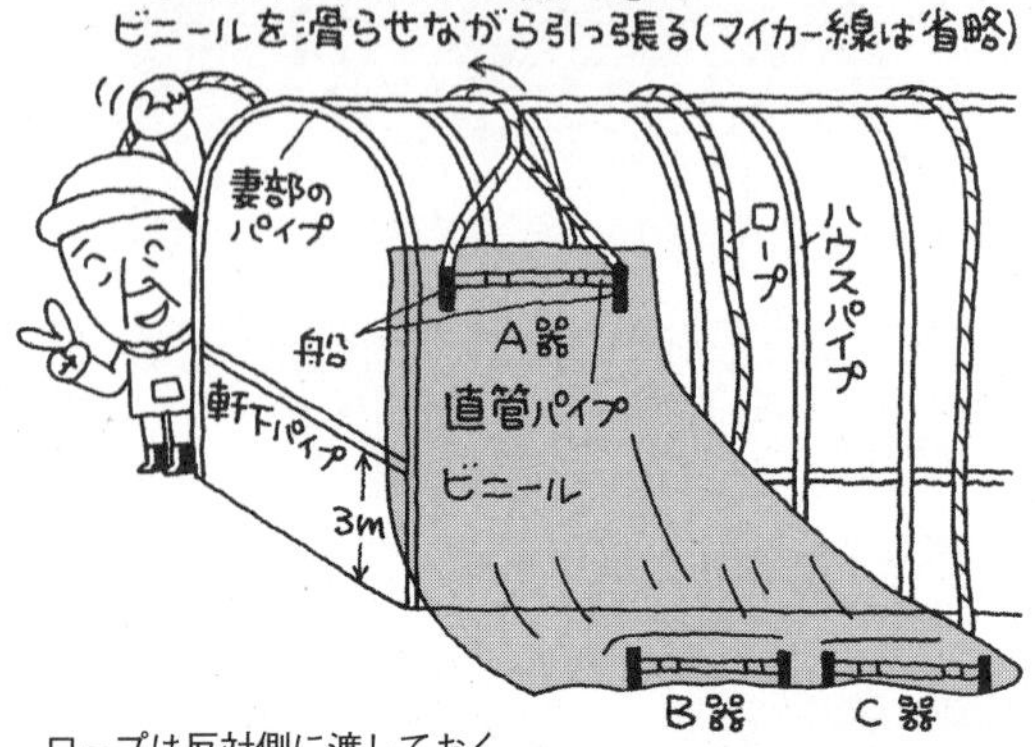

ロープは反対側に渡しておく。
引っ張り具A器を少し引き、順々にB器、C器と移りながら引き上げていく。高いところにある軒下と妻部のパイプにビニールをパッカーで止める作業だけは地上ではできない。15mの長さのハウスまでならこの3器でできる。それ以上の長さのときは直管パイプにロープをつけた補助具を間に入れる

ハウスに上がらなくてよくなりますよ

68歳。元山形県病害虫防除所所長で農機具発明家。
今はサクランボ農家でもある

ビニールの端をパイプにパッカー止めして引く

引っ張り具は図1のように使う（構造は図2）。小さな「船」を直管パイプの両端に付けた「双胴船」がビニールを引っ張る。船は二本のアーチパイプをまたいで進む。船は航路離脱防止の役目も兼ねる。作業は、まずビニールをハウスの片側側面に延ばして置き、この器具を使って、ハウスのパイプとマイカー線の間をビニールを滑らせながら反対側面に広げていく。船首に付けたロープを地上で人間が操作し、船を牽引するのである。

船はロープの強引な牽引ではずれることがあり、船底から下垂する鉄板（当初は針金のトライアングル）も加えた。

またアーチパイプは大小の直管とクロスし、止め金具が引っ張り具のすべりを悪くする。とくに、屋根の峰部分を越えるとき（図3）、ビニールの重みと摩擦が加わり、さらに天井ジョイントに組まれたフックバンドの数㎜の凸部が峰越えの邪魔になる。そのため船底が峰パイプに乗り上げたとき、ビニールを付けた直管パイプが浮くように船を設計した。さらに、船底から下垂する鉄板

が、クロスする直管上を通過するとき後ろに跳ね上がり、通過後は重力により再びぶらさがるように組み込んだ。

また、アーチパイプの距離は双胴船の横ズレへの遊び幅となる。この横ズレがあるためにジグザグ進行が可能で、一人でも作業ができるしくみとなっている。

もちろん複数の作業者が確保できれば、牽引作業は人数に応じてより直線的になり、一五mの実験ハウスで三人で作業すると一〇分もかからない。

ビニールを広げたら、ただちにビニールの位置を微調整し、マイカー線で固定する。ここまではすべて地上で作業できる。しかし、器具外しとハウス妻部のパッカー着脱だけは高所作業となる。マイカー線も、初年度に結び目の位置を定めると、原則次年度からは一本一本結んだり、解いたりしないですむ。

風には弱い

使用したビニールは毎年切断撤去するという農家が多い。下ろすのも大変だからである。だが新方式では地上から下へ引っ張るだけで下りる。一人作業、地上作業、無傷で、三年程度は再利用できる。

ただし、本方法の最大の欠点は、展張作業中の風に対して弱いこと。作業は風に逆らわず仲よく行なうこと。

小道具はほとんど自作できる。精密な工作技術は不要。器用な人ならば作れる簡単な構造ばかりだからだ。

ちなみに冒頭のハウス構造変更は経費ゼロ円、マイカー線新操作は一m当たり一〇〇〇円くらい、引っ張り具は材料費二〇〇〇円くらい。この費用と安全性、ビニール再利用によるエコ農業を天秤にかけたとき、どのように評価するかは読者次第である。

今後、実験段階から多様な現場で応用できるように農家や指導機関の方々の知恵を借り、実用技術にしたい。専門業者の独占を懸念し特許申請したが、希望者には実践研究会参加を条件に、特許技術使用料などは当面考えない。ただし当方公的機関ではないので、通信費など実費負担はお願いしたい。

（FAX〇二三六―六二―二四六五）

現代農業二〇一〇年五月号
側面から張ればハウスに上がらずにすむ

図2　引っ張り具の改良。作りやすいように簡単な構造にした

図3　双胴船が峰を越える直管パイプを浮かせるしくみ

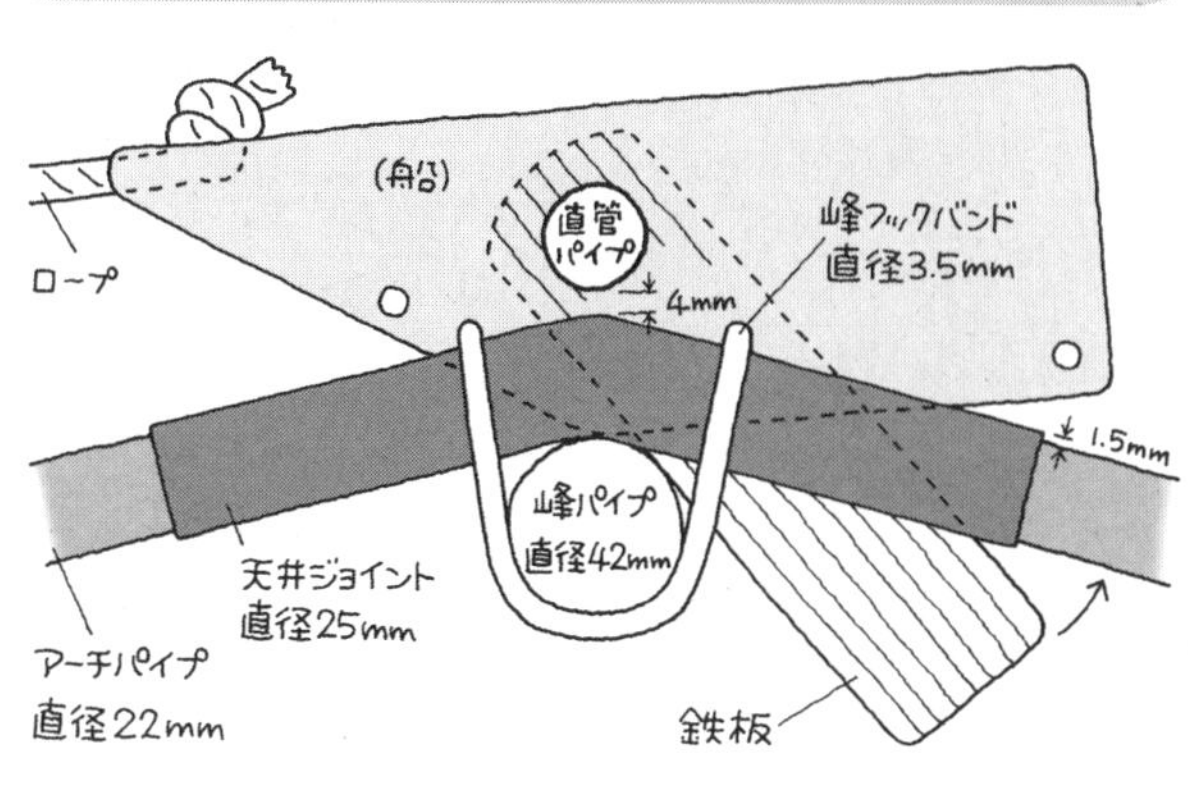

果樹ハウスの張り替えお助け器具

タスカールシリーズ

山形県村山市　笹原勝民

図1　今までのビニール張りの方法

受託面積が増えて、ビニール張りが大変に

私がサクランボ栽培を本格的に始めたのは、一九九七年ころ。それまでは水稲一〇ha、小玉スイカ五〇aで生計を立て、サクランボは自家用に一〇aほどしかありませんでした。

規模拡大のきっかけは、私の小玉スイカ畑の隣にあった三〇aのサクランボ園の管理を依頼されたこと。その後も、後継者のいない何人かの農家に頼まれ、約一・五haまで面積が拡大しました。

現在のハウスの総延長は約一五〇〇mくらい。一棟の長さは三〇mから最長九〇mまで、形も単棟、連棟などさまざまあります。

面積が増えたことで、作業の安全性とスピードアップを迫られました。ビニール張りは、ちょっとした作業も大きな労力と長い時間が必要になります。

作業時間が三分の一に

今までは、ハウスの長さに切って束ねたビニールを人力でハウスのてっぺんに引っ張り上げて、そこから両側に広げていました。ビ

図2　ビニール張り専用器具を使いスピードスプレーヤで引っ張る方法

手順①ハウス上にロープを通す　②ロープの端にビニールをつなぐ　③SSで引っ張る

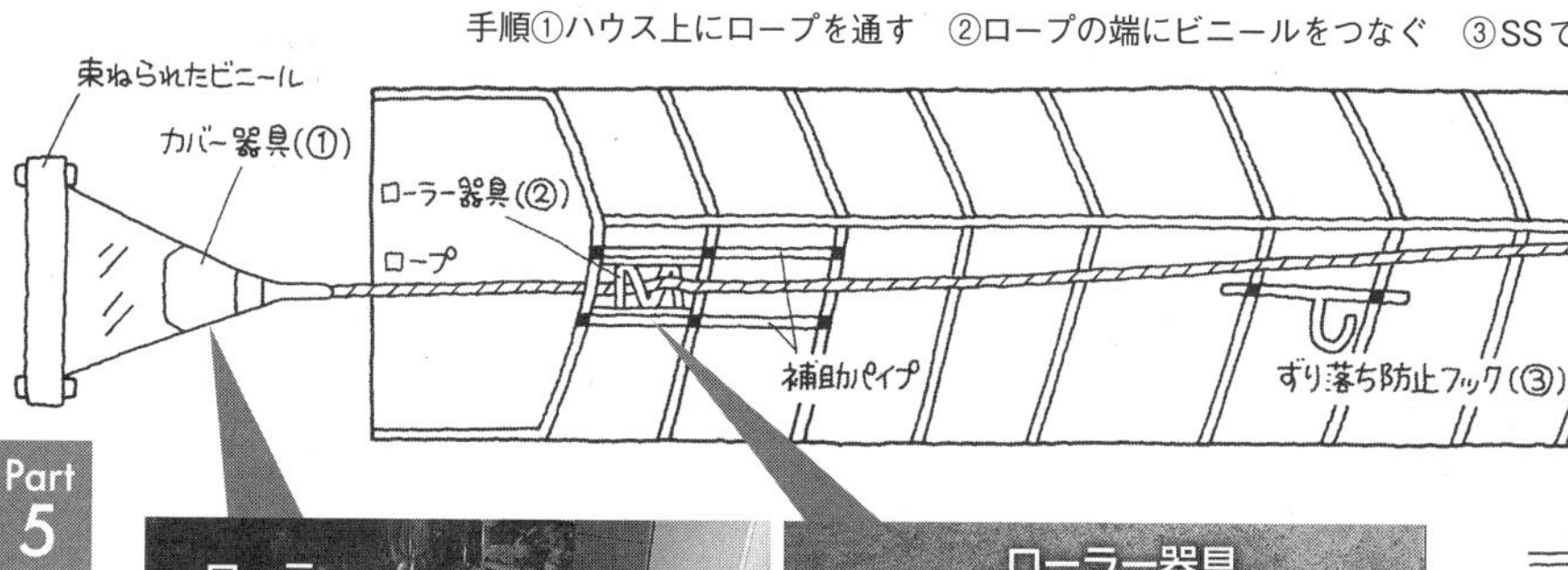

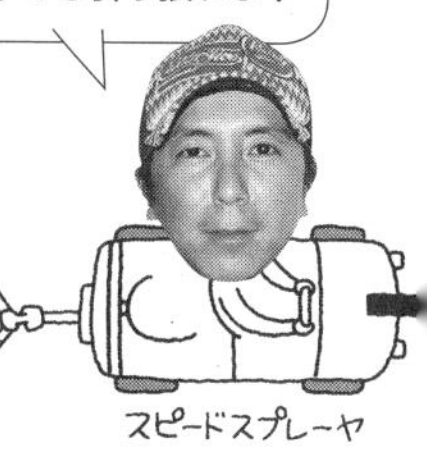

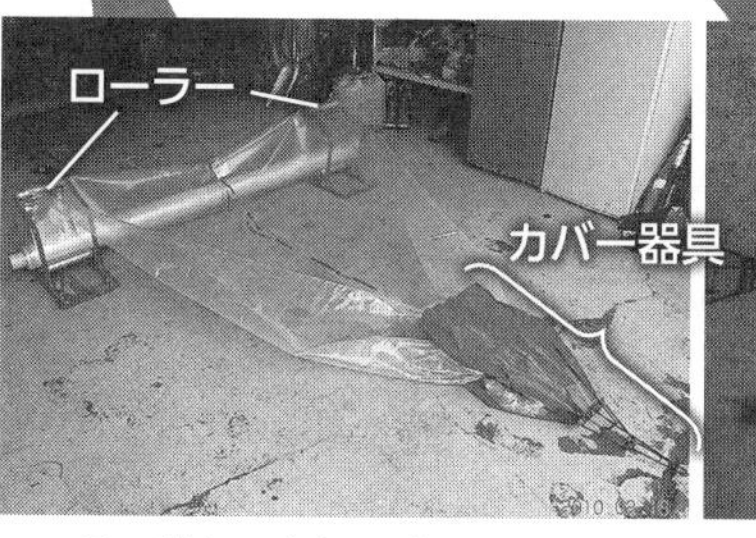

ローラー付きの台と、ビニールの先端に付ける器具。ビニールを平たく絞り込み、青いシートカバーでこすれを防ぐ。ビニールのねじれも起こりにくい

ローラー器具
滑車
ローラー

ローラーの付いた枠。ロープをアーチパイプとマイカー線の間に通し、この枠に通す。ローラーのおかげで引き上げがスムーズ

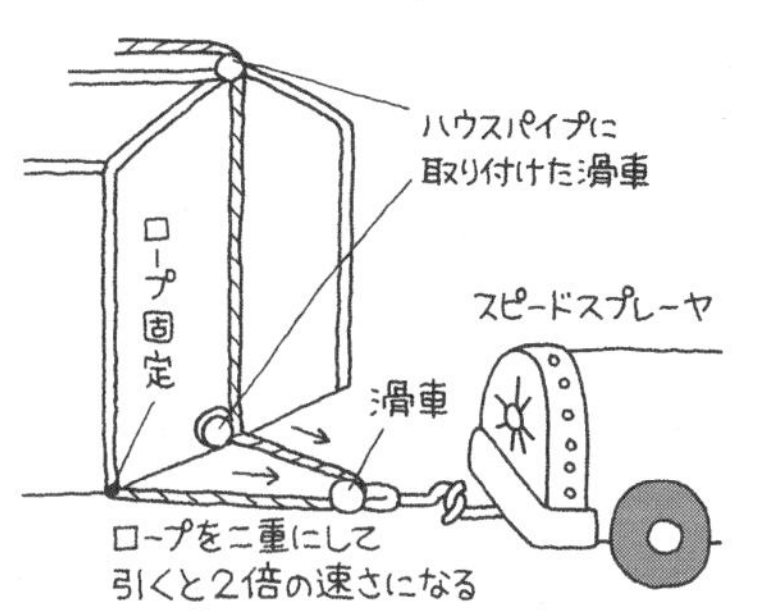

①タスカールトップ　9,170円
②タスカールWローラー　1万9,480円
③タスカール　5,970円
お問い合わせはアビコ（山形県山辺町TEL023-664-8606 FAX023-664-8605）まで。
いずれも標準小売価格（税抜き）。
ブドウやモモ、ミカンでも使用可

ニールを広げるにもマイカー線をゆるめたり張ったりしなければならないので時間がかかります。風のあるときはビニールがあおられるので、さらに手間がかかりました。

数年前からは、ビニール張り専用の器具を使ってスピードスプレーヤ（SS）で引っ張る方法を取り入れました。これにより作業時間を今までの三分の一ほどに短縮することができました（ビニールを引き上げたあとのハウス上での作業は今までと同じ）。

マイカー線を張ったまま SSで引き上げる

ポイントは、ビニールをスムーズに引き上げるローラー器具と、アーチパイプとマイカー線の間を傷付けないように通すカバー器具。ここにスピードスプレーヤを使うことで、気をつかわず短時間で引っ張れるようになりました。

下準備として、ビニールを引き上げる側のアーチパイプを補強しています。スピードスプレーヤの強い力で引っ張るので、アーチパイプの変形などを防ぐためです。

マイカー線はぜんぶ張ったままです。ただし、かまぼこ型のハウスではマイカー線がきついので、ある程度ゆるめたほうがいい場合があります。またビニールは張り終わってからハウスの長さに切りますが、ビニールを引っ張っている途中でずり落ちると正確な長さで切れないので、フックか人で押さえている必要があります。

現代農業二〇一〇年五月号
面積が増えても短時間で張れる　タスカールシリーズ

「ひっぱるべぇ～」で引っ張る方法

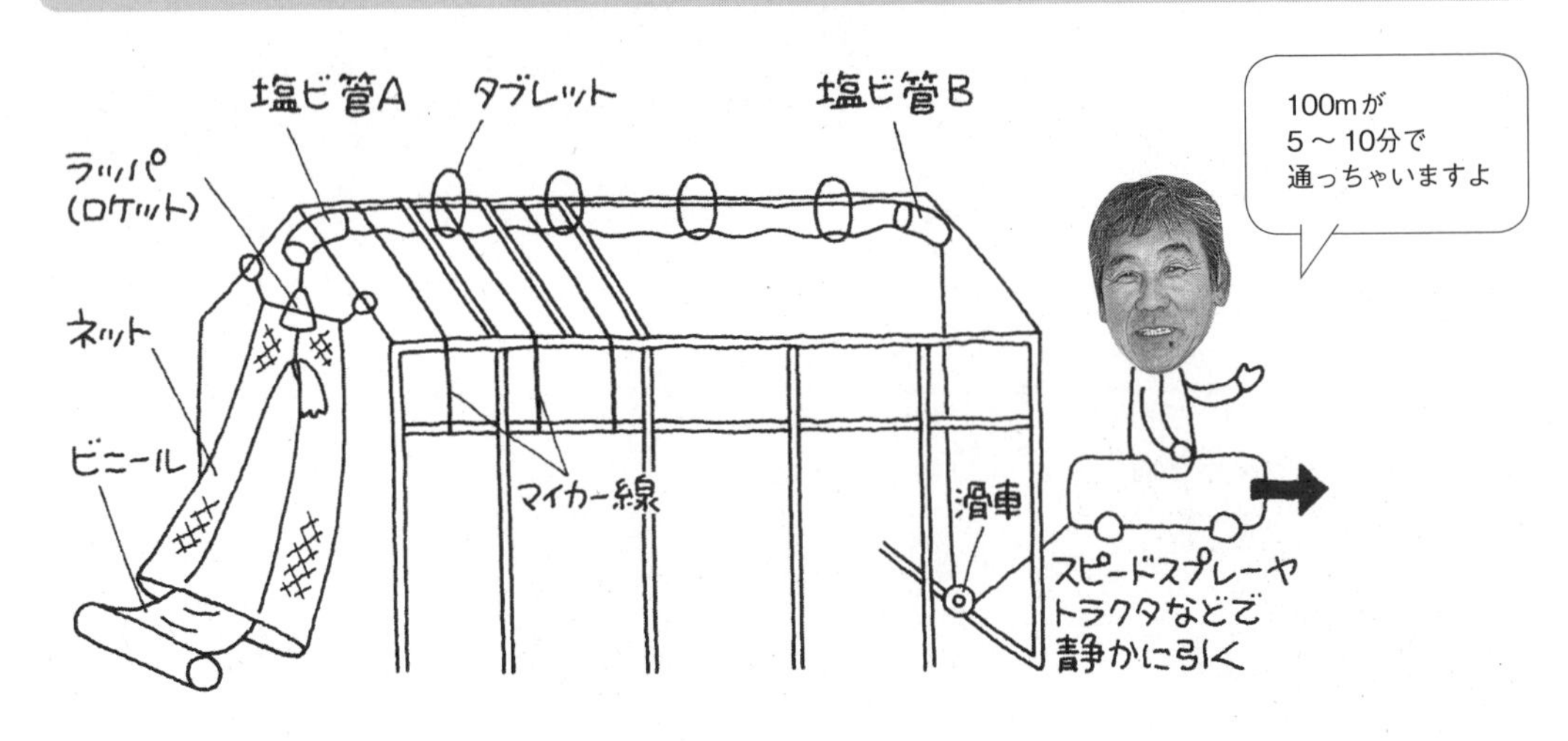

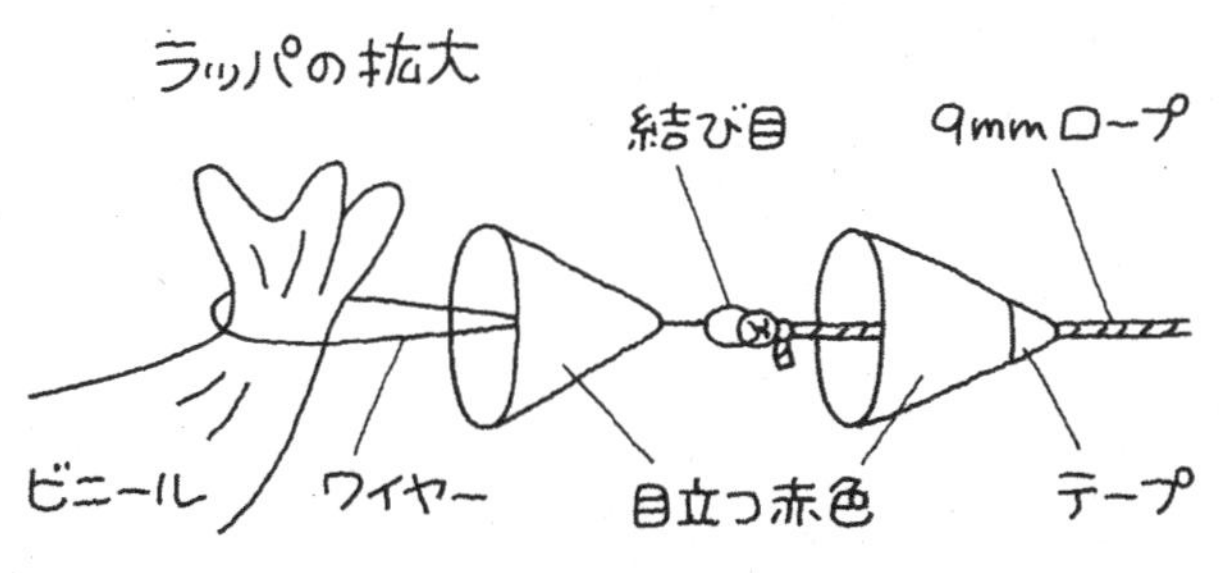

塩ビ管AからBまで通す際、ビニールを結び目も含めてラッパでカバーして、こすれを防ぐ

※お問い合わせはJAさがえ西村山アグリ統括店
TEL 0237-86-8187まで。

一〇〇mハウスだって一人で五分で通す
ひっぱるべぇ～

山形県寒河江市　鈴木伸吉さん（編集部）

現代農業二〇一〇年三月号で、受粉を助ける「受粉巾着」を紹介してくれた寒河江市の鈴木伸吉さん。「寒河江のエジソン」と呼ばれるだけあって、一人でハウスのビニール張りができる器具（商品名ひっぱるべぇ～）もすでに開発していた。

器具は、ビニールが風であおられないようにする筒状ネット、ハウスの両妻に取り付ける塩ビ管、ビニールがずり落ちないようにするタブレット（丸い輪）、ビニールが傷付かないようにするラッパ、の四点からなる。

ビニールをロープの片側に結び、反対側のロープの端を滑車にかけてスピードスプレーヤなどで引くと、ビニールがハウスの上にラクに引っ張り上がる。ただし、丸い型のハウスではマイカー線をゆるめる必要があるとのこと。

現代農業二〇一〇年五月号
一〇〇mハウスだった五分で通す　ひっぱるべぇ～

ビニールを押さえる便利道具

屋根の補強に、粘着テープと板

宮崎・久保浦重廣さん

台風や偏西風等の強い風が吹くと、ハウスバンド（マイカー線）だけでは不十分。屋根のビニールがばたつき、屋根ごと動いてズレる。

それで、写真のようにして補強することを考えた。穴をあけたプラスチックの板を粘着テープでビニールに貼り付け、板の穴に通したマイカー線の先を図のように固定。これを10～15mおきにやっておけば、強風にも耐えられる。

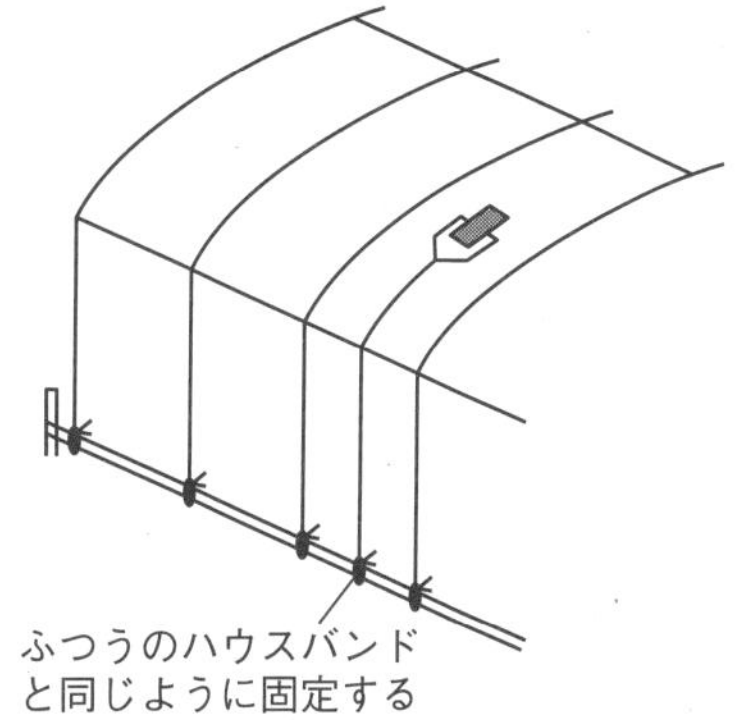

一生使えるステンレス製ハウスバンド留め具

長崎県西海市　三田春興さん

よく水にさらされる連棟ハウス谷間の金囲部分は、結構傷みやすい。ハウスバンドを留める金具もそう。しかも交換すると、モノによっては1個数百円かかるのでバカにならない。

そこで三田さんは、この留め具を自作。チェーンの輪っかをバラし、ナットに溶接しただけのものだが、谷シートを押さえるボルトにねじ込むだけで使える。さらにチェーンもナットもステンレス製。サビに強く、傷まないので「一生使える」優れものだ。 編

現代農業2012年11月号
ビニール張りをうまくやる

ローラーとサスマタでビニール張り

大分県臼杵市　川野眞平さん（戸倉江里）

川野眞平さんは、奥さんのトミエさんと二人で農家民泊「いなかや」を営み一四年になる。多いときは三四棟のハウスでニラをつくってきたが、現在は四棟に減らし、ニラ以外にもさまざまな野菜を育てている。

川野さんのモットーは「作業はラクして時間をかけない」「ボロをボロにしない」「簡単にお金で既製品を買わない」。そのために工夫し、さまざまな発明品を生み出してきた。

ビニール張りに使う自作の道具

サスマタ。廃材と竹で手作り

パイプに引っ掛ける

ローラー（図中のAタイプ）。塩ビパイプとL字鋼、廃材の鉄棒で作った（戸倉江里撮影、以下も）

ローラーA

ローラーB

ビニールの束を矢印方向にローラーの上を滑らせ、ハウスのサイドに延ばす（やり方を実演してもらったもので、実際に張るときの場面ではありません、以下も）

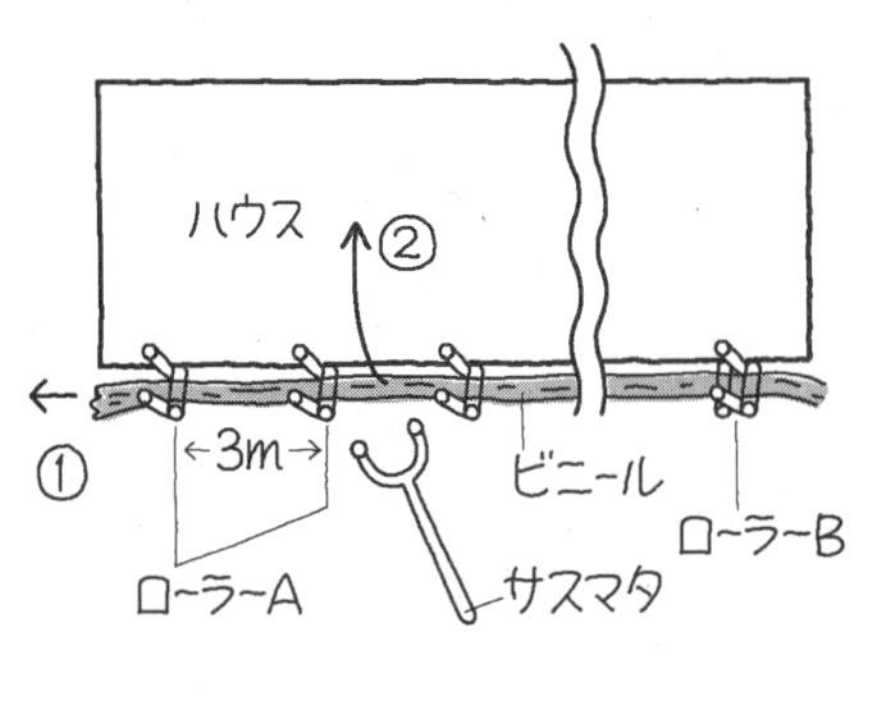

川野さんのビニール張りの手順

①3m間隔で付けたローラーの上をビニールを滑らせ、ハウスのサイドにビニールを設置。
②サスマタを使って、ハウスの天頂部までビニールを押し上げて留める（次ページの写真）。40mのハウスでサスマタを3～4本使う。
③片側の妻面にビニペットでビニールを仮留め。
④サスマタで天頂部に支えられているビニールを、反対側のサイドへ下ろす（張る）。
⑤ローラーを外し、サスマタ側のサイドにもビニールを下ろす。
⑥マイカー線でビニールを押さえる。

川野さんご夫婦

サスマタで天頂部（峰パイプ）までビニールを押し上げて…

サスマタの柄の下端を肩パイプに固定（肩パイプにちょうど固定できる長さになっている）

サスマタで天頂部にまとまっているビニールを、まず反対側のサイドへ下ろしていく

このハウスのビニールを張る道具もその一つだ。

手順は写真と図のとおり。ハウス栽培でいちばんたいへんなのはビニールの着脱作業だという。「歳をとると年々作業が辛くなる。辛いと嫌になる。嫌になると続けられなくなる」。だから、「楽しく続けられるように工夫をしているだけ」だそうだ。

現代農業二〇一五年四月号 ハウスのビニール張りにローラーとサスマタ

端の１カ所だけローラーの形が違う（前ページ図中のBタイプ）。これは、ビニールを片付けるときには空気を抜くのに使う。張るときには、ビニールを引きやすい（滑りやすい）構造になっている

引っ張られるフィルムが途中でひっかからないよう、棒で突っつく橘正光さん（写真はすべて赤松富仁撮影）

ペットボトルと滑車を使って100ｍハウスわずか30分

ラクラク内張りフィルムの張り方

熊本県八代市　橘 正光さん（編集部）

油代減らしに大きな効果がある内張りだが、張るときの作業は時間がかかるし、脚立を上ったり降りたり、大変だ。

約八〇ａのハウスでトマトをつくる橘正光さんは、この作業を早くラクにできないかずっと考えてきた。そして一〇年ほど前からやっているのが、ペットボトルと滑車を利用したいまのやり方。

まず底を抜いた二ℓのペットボトルにヒモを通して、内張りフィルム（橘さんは厚さ〇・〇五㎜のＰＯフィルム）の先端を固定。

内張り用パイプの上にヒモを張り、ハウスの端の滑車に通す。

ヒモの端は自走式スプレーヤにつないで、引っ張る。速度が一定で、安定してラクラク作業ができる。

この方法だと、ハウス一棟（長さ約一一〇ｍ）の内張りを張るのに必要な時間は、家族三人でたった三〇分（パッカー留めまで含め）。今では地域の多くの農家が同じ方法でやっているそうだ。

現代農業二〇一四年十一月号
ラクラク内張りフィルムの張り方

フィルムにペットボトルの頭を付ければ、パイプにひっかかりにくくなる

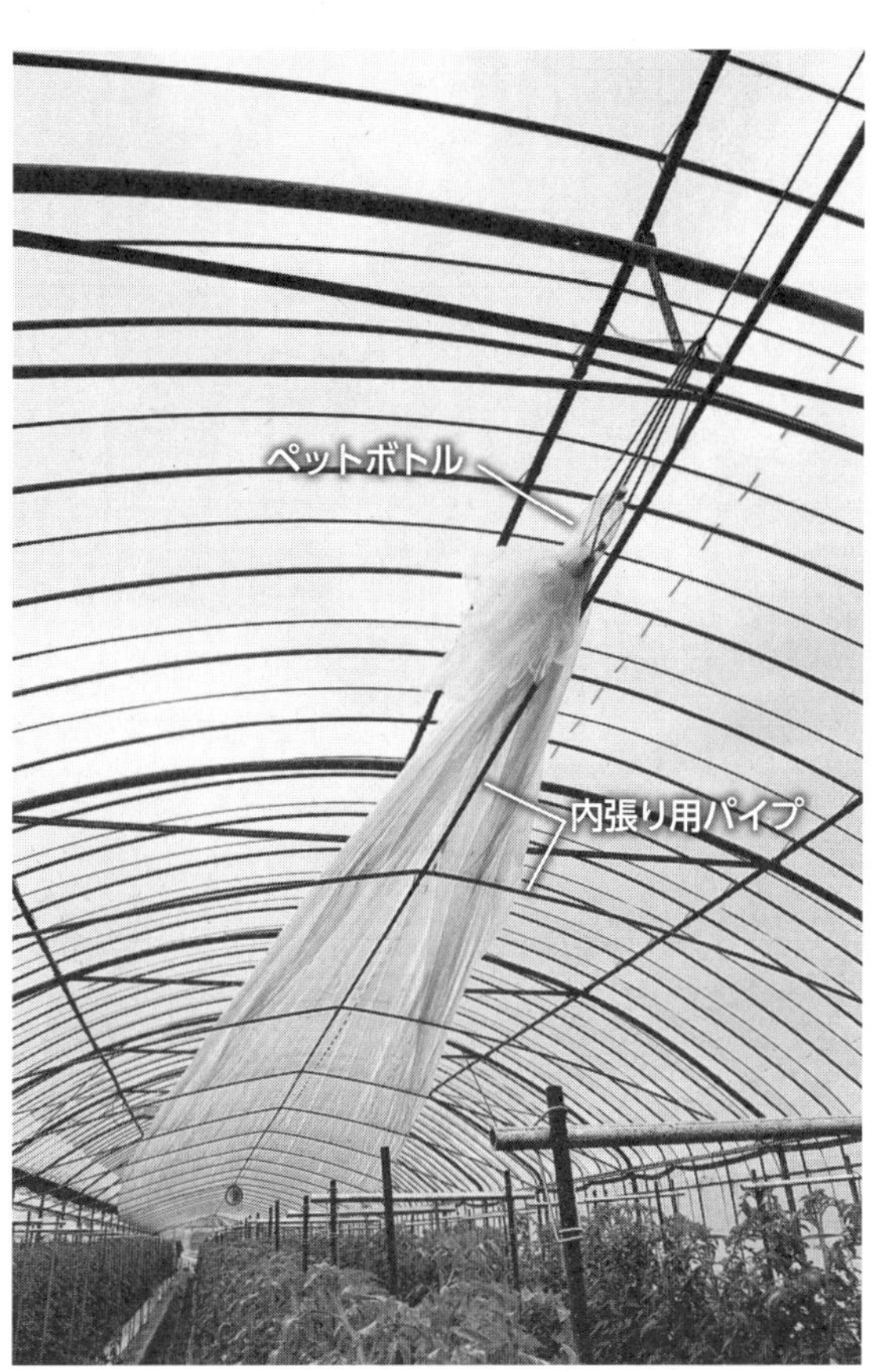

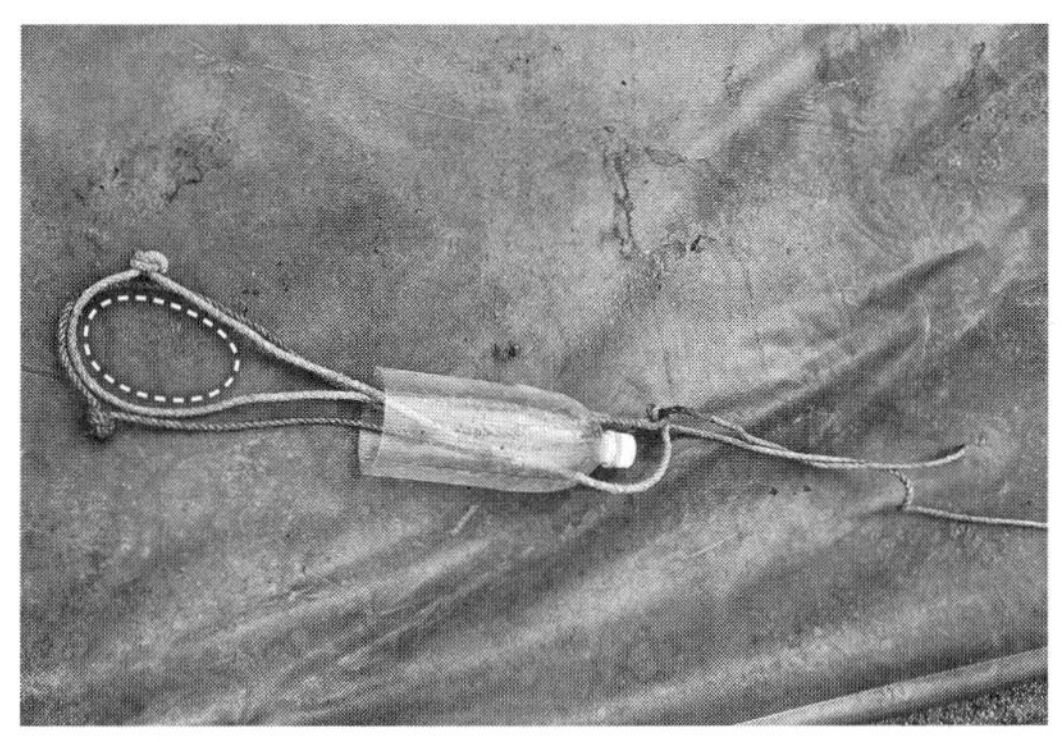

2ℓのペットボトルの底を抜き、ヒモの輪の中（点線）にフィルムを通す

ハウスの端、上下2カ所に取り付けた滑車にヒモを通して引っ張る。ヒモを引っ張るのは自走式のスプレーヤなので、人間はラクラク

妻面に結び付けた小さな滑車

ハウス掃除は風まかせ　不織布ぶら下げ洗浄法

千葉県山武郡芝山町　内田正治

POフィルムも二年目は汚れる

一〇〇棟ほどのハウスでスイカ・トマト・軟白ネギを栽培しています。とくにスイカの促成栽培は保温と採光が重要ですのでハウスのビニールは毎年張り替えるのが常識です。よい物をとるには必要なことでした。ところが資材価格の高騰とスイカの価格低迷が続き、生産者の手取り分は圧縮される一方です。また、ビニールの張り替えは多くの人手が必要で大変な作業です。そこで最近はPOフィルムで三〜五年は張り替えない農家が増えてきました。しかしここで問題になるのがフィルムの汚れです。二年目となると光の透過率がかなり落ちてきます。

スイカはミツバチを使って交配しますが、光が当たらないと雄花の花粉の出も悪く、雌花の充実も悪くなります。

筆者。不織布をぶら下げたハウスの前にて

不織布をぶら下げるだけ

フィルムを洗浄するという方法があり、ハウス洗浄用のブラシや動力を使った洗浄機も市販されています。しかしどれも大変な労力が必要で高価。また、POフィルムは強く擦ると傷がつき、曇りガラスのようになってしまいます。そこで考えたのが、まったく人手を必要としない安価なクリーナーです。

構造はいたって簡単でマイカー線を使ってハウスの頂上部に不織布を取り付けるだけ。サイズは幅九〇〜一三五cm程度、長さはハウスの頂上部から肩までのもの（二mくらい）を、三m間隔に設置すれば完了。あとは風が吹くのを待つだけです。

取り付けてから一カ月で効果が見えはじめ、二カ月ほどでかなりの汚れを落とすこと

不織布は電化製品のコードを束ねるようなバンドで端を止め、マイカー線に繋げると便利。風が吹くとこっちへきたり、あっちへいったりして汚れがとれる。ちなみに不織布は200m巻きで6000〜8000円。これで100本のクリーナーがつくれる。5年は使えるので安上がり

3年たって汚れたハウス（POフィルム）

不織布をぶら下げて2カ月でこんなにきれいに

ができます。

光が欲しい冬に取り付ける

風がない日は効果が出ないことと動力を使わないために激しい汚れを落とすことはできないといった問題点はありますが、栽培するうえで困るような汚れは十分に落とすことができます。

光が貴重となる十月ごろに取り付けて、翌春の三月ごろ、キレイになったら外すのがベストだと思います。

このやり方を思いついたのは自家用のブドウのハウスでの出来事がきっかけです。使い古しの古いビニールでハウスの頂上に穴が開いており、そこからブドウの枝が二mほど出ていました。台風が来た翌朝、ブドウの枝の出ていた部分が直径四mほど、汚れがすっかり落ちてピカピカになっていたのです。一晩中吹き荒れた風雨で枝が叩き付けられ、汚れを落としたのでしょう。これをヒントにいろいろな素材をハウスの屋根に付けて、いまの形がいちばん効果があると確認しています。

現代農業二〇一〇年七月号
ハウスの掃除は風まかせ

柔軟なブラシでフィルム洗浄

背負いあらいぐま

㈱槍木産業

近年の鉄骨・パイプハウスの被覆フィルムは、塩ビからPOへ移行傾向にあり、多年張りが主流となりました。そのハウスの洗浄をしたいとの農家の皆様の要望に応え、従来製品をモデルチェンジしました。名前のとおり背負い式で両手がフリーになり、より操作が簡単な本製品を開発しました。花粉・粉塵・黄砂などさまざまなフィルムの汚れに対し、誰もが簡単に効率的な洗浄作業ができるよう設計されています。

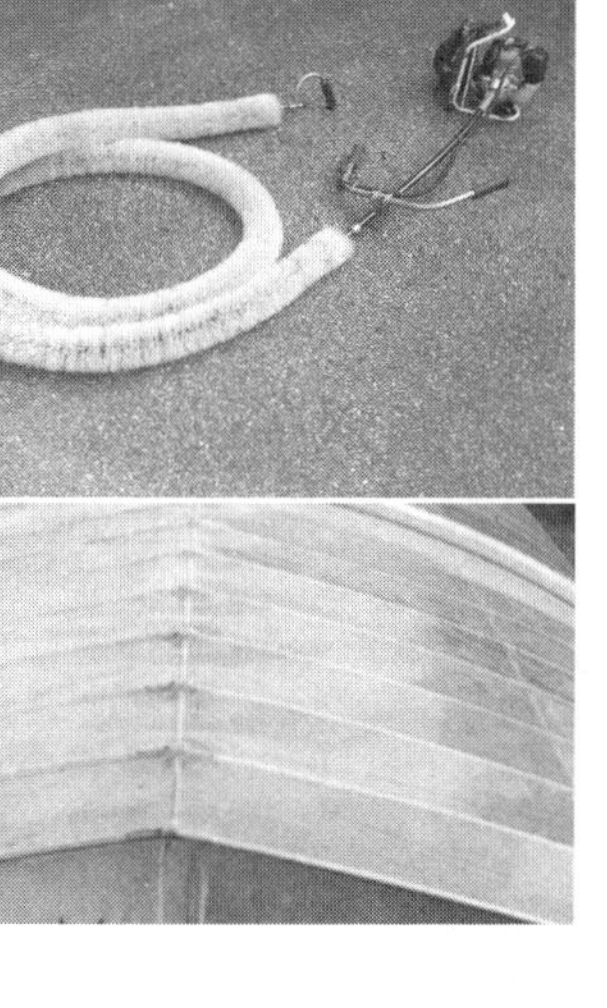
「背負いあらいぐま」

作業方法はとても簡単。エンジン側操作、受けハンドル操作、洗浄水かけを担当する二〜三名で行ないます。柔軟なブラシをハウスの天井部分に渡し、水をかけながら、ブラシをエンジン動力でゆっくり回転させて洗浄していきます。ポイントは作業者がブラシを引き合わないこと。力をいれずにブラシの動きに任せ、ブラシを空転させるイメージで作業を進めます。

洗浄水をかけるのは、洗浄前に汚れを柔らかくし、洗浄後の汚れを洗い流すために必要な作業です。

かまぼこ型の単棟・連棟のPO・塩ビ系フィルムのハウスが洗浄可能。汚れの度合いやハウス形状にもよりますが、五〇mの単棟POハウスで二〇〜三〇分で実用レベルになります。切妻型ハウスについてやその他詳細は、左記まで直接お問い合わせください。

（槍木産業 山武営業所 千葉県山武市横田一〇六九—三二 TEL〇四七五—八九—一四四四）

現代農業二〇〇七年十一月
汚れたハウスの透明度アップ 背負いあらいぐま

ハウスの排水が劇的に改善

地下水くみ出し用の「井戸」

岡山県浅口市　中嶋睦男さん（編集部）

五〇頁で、強風が吹いても「ロープだけでビクともしなくなる」ハウスを紹介してくれた中嶋睦男さん。カスミソウとトルコギキョウをつくるそのハウス、実は風だけではなく、雨にも強い。

「前は、三日も雨が続けばウネ間にズブズブ水が溜まったんよ」

自宅前に建てたハウスは、すぐ隣が住宅だ。ひとたび大雨が降ると、自宅と隣家に降った雨が流れて、ハウスの地下水を押し上げる。

そこで一〇年前に取り付けたのが、写真の「井戸」。水が入り込んでくるハウスの北と東側に暗渠を入れて、その交わる場所に土管を埋めた。

井戸を覗くと、地下水の水位が目で見える。雨が続いて地下水位が上がってきたら、井戸に水中ポンプを入れて、ハウス内の地下水を外に吐き出せるようになっている。

「雨が降ったら二日目の夜からポンプを回す。おかげで、ウネが水浸しになるようなことはなくなった」

三月一日に定植するトルコギキョウは、花芽分化が梅雨時期に当たる。この時期に水をしっかりきれる中嶋さんのトルコは、チップバーンも出ないし日持ちもいい。

現代農業二〇一四年四月号
地下水くみ出し用の「井戸」

ハウスの隅に掘った井戸

自宅倉庫
雨が続いたら水中ポンプで水を吐き出す
井戸
長さ1mの土管を暗渠の深さまで埋めた
暗渠
深さ1mにコルゲート管を設置
排水路
地下水
隣家
27m
8m

地下水位がかん水の目安にもなるんよ

カスミソウとトルコギキョウのベテラン農家、中嶋睦男さん

田んぼにハウスでも周囲の堀＋水中ポンプで排水改善

千葉県九十九里町・高橋伸夫さん（編集部）

高橋伸夫さんが住む九十九里町は、海が近くて地下水位が高く、砂地。大雨が降れば畑は水に浸かりやすく、明渠を掘れば土はサラサラと崩れやすい。

そんな場所で高橋さんは、昔、田んぼだった土地をそのまま利用し、ハウスを建て、ブドウと花をつくっている（たいがいの人は、田んぼに客土してから畑として使う）。

ハウス内の排水をよくするために、二つある二連棟ハウスの間と周囲に堀（明渠）を作り、土が崩れないようにガードレールでその壁を固定した。この堀のおかげで、大雨が降っても湿害の心配はない。堀に流れた水は、排水貯留用のマンホールに溜め、水位が上がってきたらポンプで吸い上げて川へ流す。

ハウス内の排水がよくなったうえ、海水の塩気がちょうどいい具合に地表に浮いてきて、絶品のブドウがつくれるようになった。

現代農業二〇一四年四月号
崩れない明渠とポンプ排水

ハウスと堀の間に立つ高橋伸夫さん。ハウス内に埋められた塩ビパイプを通って左下の堀に水が流れる

排水のしくみ

ブドウ
川
マンホール
堀
Ⓒポンプ
Ⓐポンプ
Ⓑポンプ

通路に傾斜をつけることで集まった水が塩ビパイプを通って堀へ流れる

塩ビパイプを通って堀へ流れ出た水は、排水を一時貯留するマンホールに溜まる。マンホール内に2つ（A、B）、その手前に1つ（C）設置した水中ポンプで水を吸い上げて川へ流す（図のハウスは実際は2連棟）

高さ（深さ）を変えて2つのポンプを設置。水量が増えるにつれてA、Bの順に自動で作動。それでも足りない場合はCのポンプも作動し、川に水を流す

ハウスの周囲の堀は深さ30㎝。堀の側面は崩れないようにガードレールの廃品などを当てている

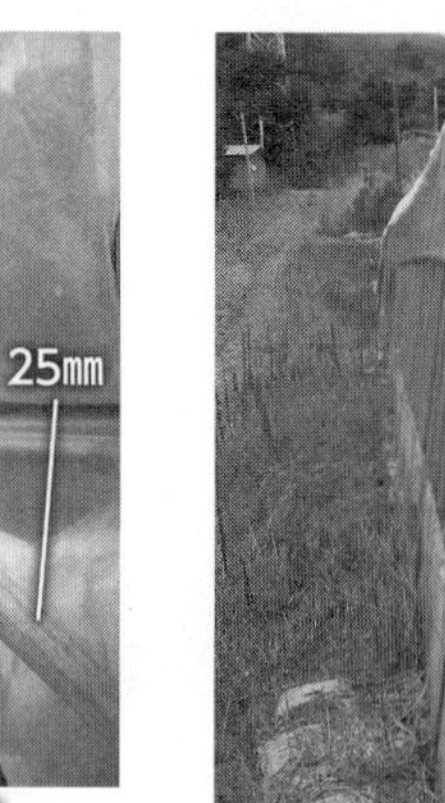

巻上げ部が上下するのに合わせて、ストッパーの間を動くパイプは、25mmの直管の中に19mmの直管を通して、自在に伸び縮みするようにしてある

ワイパーモーター、サーモスタット、リレーへ

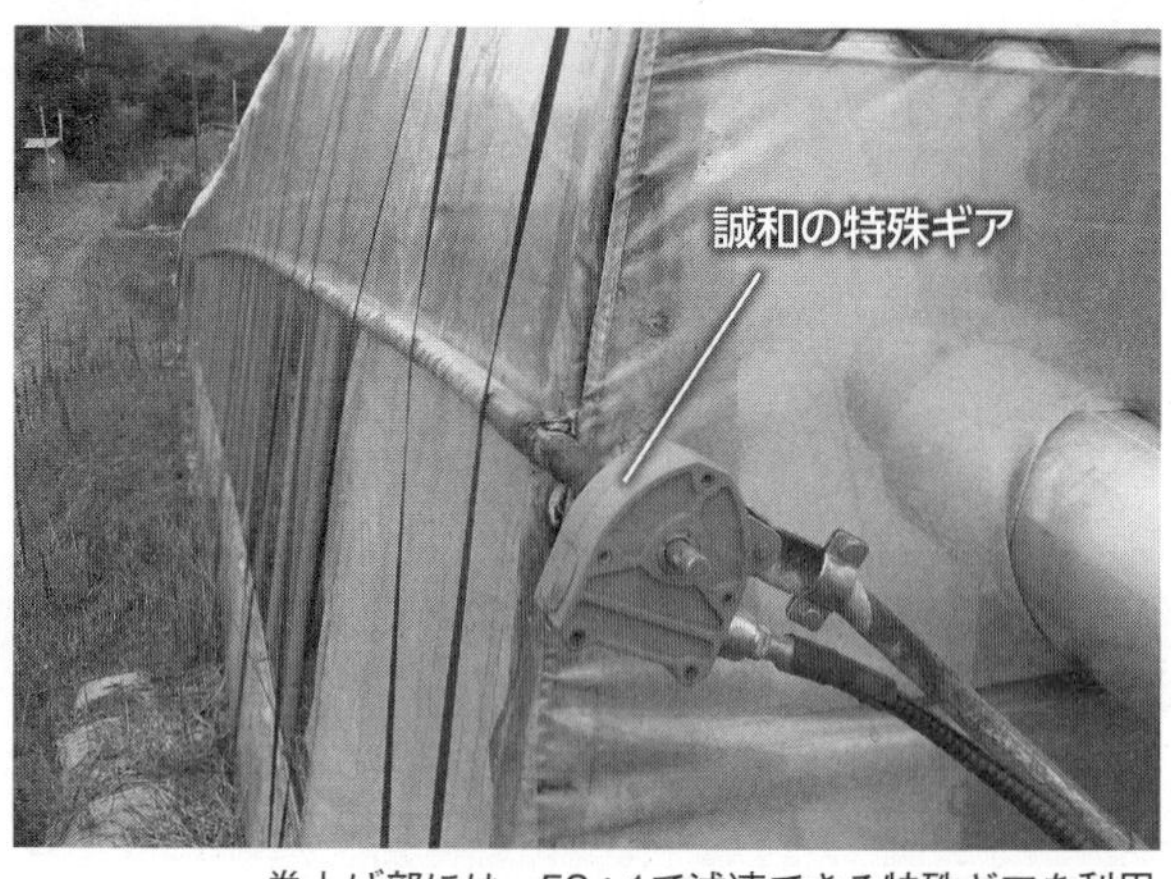

巻上げ部には、52：1で減速できる特殊ギアを利用

温度に合わせて自動換気

サイドビニール巻上げ機

福島県伊達郡川俣町　佐藤吉彦

スイッチ
スイッチ

上部ストッパー
スイッチ
スイッチ
下部ストッパー

上部・下部のスイッチにパイプが当たるとモーターが停止する

スイッチ

誠和の特殊ギアと自動車の中古ワイパーのモーターを使って、パイプハウスのサイドと谷間用のビニール巻上げ機を作りました。温度センサー（サーモスタット）により自動で換気できます。

製作にあたって注意したところは、強風等でサイドのビニールが大きくバタついた場合、スイッチのところからずれて巻きすぎる場合があるので、大きく力が掛かった場合、電源のヒューズが切れるようにヒューズのアンペア数を3A程度にしたことが一つ。

また、中古ワイパーとのジョイントが大きな力で外れるようにしておくことで、巻きすぎてビニールが破れることがないようにしました。電源は、車のバッテリー（中古で十分）です。

温度が上がるとモーターが回って巻き上げ、上部のストッパーまで来ると、スイッチがストッパーにぶつかってモーターが停止します。温度が下がるとリレーが反転し、モーターが反対向きに回転してビニールが下がる。そして、下のストッパーに当たると停止。ここで温度が上がると、ふたたびリレーが反転して巻き上げが始まるというしくみです。

ただ現在は、巻上げ機には誠和の「でんくる」も使うようになりました（現在は販売し

自動換気装置の回路図

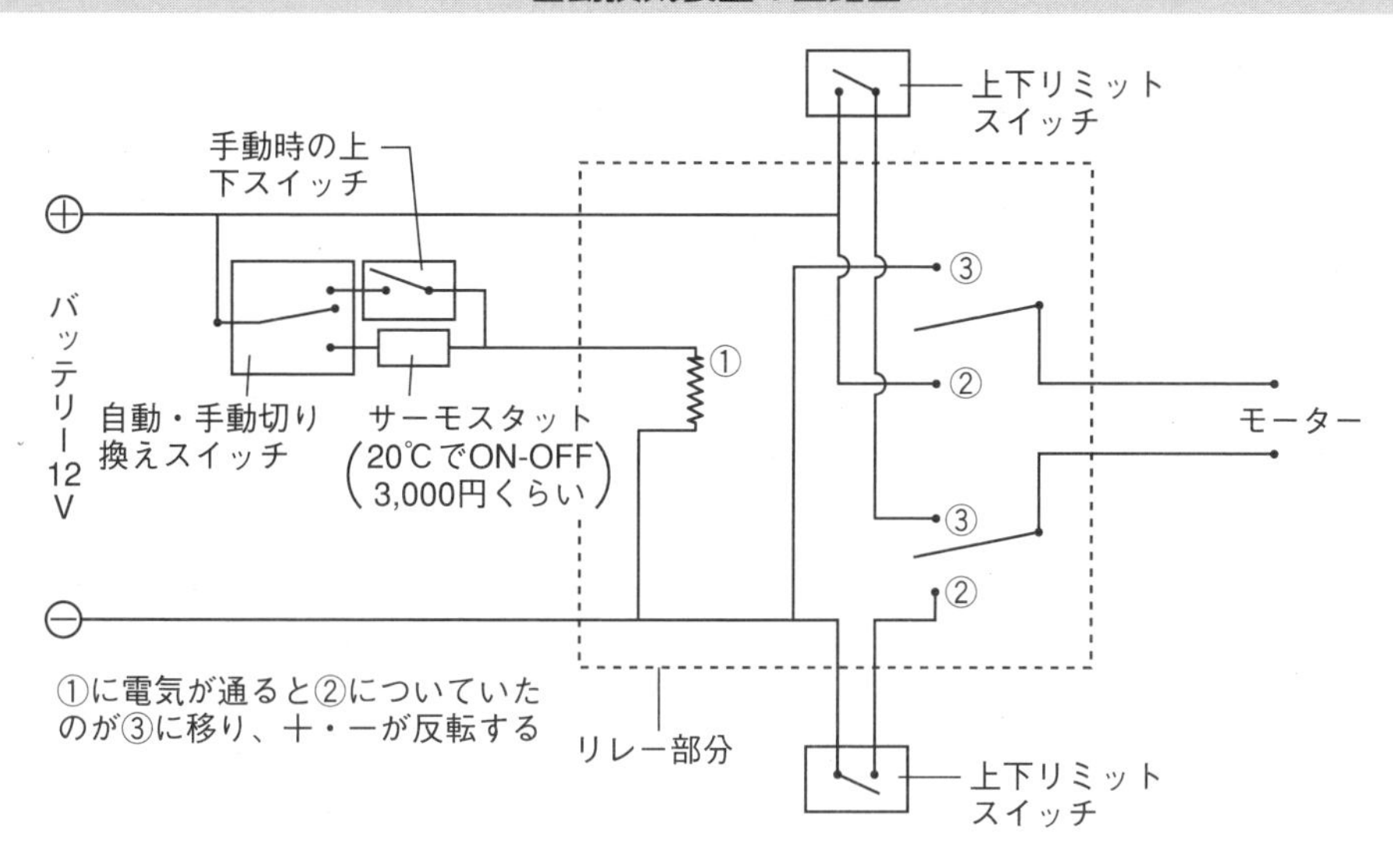

スイッチを交換。もとの製品は、手動でスイッチを入れて上下に作動させるが、この棒が上下にあるストッパー（写真には写っていない）に当たって自動で上下するようにした

現在は巻上げ機には誠和の「でんくる」を利用。自動化のしくみは特殊ギアを使ったものと同じ

ていない）。以前の市販の巻上げ機は、パイプハウス用には高価すぎましたが、この製品だと電源もセットになっており、スイッチを交換し、サーモスタットやリレー（一二V）を組み合わせて自動化しても一万六〇〇〇円ほどですみます。自作品より安いかもしれません。

現代農業二〇〇七年十一月号
温度に合わせて自動換気　サイドビニール巻上げ機

本書は『別冊 現代農業』2015年10月号を単行本化したものです。

著者所属は、原則として執筆いただいた当時のままといたしました。

農家が教える
ハウス・温室 無敵のメンテ術
——簡単補強、省エネ・経費減らし

2016年8月30日　第1刷発行
2022年2月 5日　第6刷発行

農文協　編

発行所　一般社団法人　農山漁村文化協会
郵便番号 107-8668 東京都港区赤坂7丁目6-1
電 話 03(3585)1142(営業)　03(3585)1147(編集)
FAX 03(3585)3668　振替 00120-3-144478
URL https://www.ruralnet.or.jp/

ISBN978-4-540-16145-2　DTP製作／農文協プロダクション
〈検印廃止〉　印刷・製本／凸版印刷㈱